新型职业农民——绿领培训系列教材

ROUJI YANGZHI BIAOZHUNHUA
CAOZUO GUICHENG

肉鸡养殖标准化操作规程

新希望集团有限公司　编

按照书中教你的操作，准没错！

你知道如何科学养殖肉鸡吗？

中国海洋大学出版社
·青岛·

图书在版编目（CIP）数据

肉鸡养殖标准化操作规程 / 新希望集团有限公司
编. — 青岛：中国海洋大学出版社, 2019.6
ISBN 978-7-5670-2275-1

Ⅰ.①肉… Ⅱ.①新… Ⅲ.①肉鸡－饲养管理－标准
化 Ⅳ.①S831.4-65

中国版本图书馆CIP数据核字(2019)第126322号

出版发行	中国海洋大学出版社	邮政编码	266071
社　　址	青岛市香港东路 23 号		
出 版 人	杨立敏		
网　　址	http://pub.ouc.edu.cn		
责任编辑	孙玉苗	电　　话	0532-85901040
电子邮箱	94260876@qq.com		
印　　刷	青岛国彩印刷股份有限公司		
版　　次	2019年7月第1版		
印　　次	2019年7月第1次印刷		
成品尺寸	185 mm×260 mm		
印　　张	8		
字　　数	160千		
印　　数	1～3300		
定　　价	49.00元		
订购电话	0532-82032573（传真）		

发现印装质量问题，请致电0532-88194567，由印刷厂负责调换。

新型职业农民——绿领培训系列教材

编 委 会

主　　任　刘　畅
副 主 任　李建雄　邓　成　张秀美
主　　编　王维勇
副 主 编　孟　佳
策　　划　新希望集团有限公司

《肉鸡养殖标准化操作规程》参编人员

董　宏　樊兴国　王继善　王艳龙
刘树亭　刘子坤　鹿淑梅　杨　俊

序　言

　　"绿领"这一概念是由新希望集团董事长刘永好首次提出的。拥有现代化意识、掌握现代化技术、勤劳致富的新型职业农民就是"绿领"！如何让广大劳动人民从"土里刨食的庄稼汉"变身为"土里掘金的新农民"？这就必须依靠乡村振兴！乡村振兴，企业同行。新希望集团积极响应国家号召，计划利用5年时间，完成10万新型职业农民培训。通过培训从根本上改变农民的传统思维模式，引导传统农业产业向现代农业产业转变，打造"绿领"阶层，播撒希望的种子，促进乡村振兴。

　　从一颗小小的鹌鹑蛋起步，经过36年栉风沐雨，新希望集团布局畜牧业各个环节，从饲料加工到畜禽养殖，再到食品生产，实现了全产业链发展；从八位一体的金融担保体系到养殖服务公司，新希望集团为广大养殖户朋友从资金和技术两方面保驾护航。与此同时，新希望集团始终走在科技前沿，引领先进技术。公司相继成立了养猪研究院、养禽研究院、食品研究院、饲料研究院等，为培训积蓄力量，助农牧业蓬勃发展。

　　时间的脚步匆匆，一年的培训旅程即将走完，培训的星星之火在全国范围内已呈燎原之势。结合近一年来新农民培训的经验，我们特意编写了畜禽养殖标准化操作规程系列教材。本系列教材由新希望集团资深专家编写，重实战，技术含量高。同时，本系列教材图文并茂，语言通俗易懂，具有趣味性。"爱心+科学"，"实战+趣味"，这一系列教材是多年养殖经验的结晶，是盛开在广袤田野上的"希望之花"。

　　本教材是新希望集团的养殖系列教材的一部"养禽大百科"，全面涵盖了空舍期、育雏期和育肥期3个重要环节，从空舍管理、日常管理、免疫与消毒、环境控制及设备维护等5个方面进行讲述，基本可以满足养禽场的实际需要。教材实用性强，既适用于养殖人员学习操作技术，也可以规范一线员工生产管理行为。

　　新希望人一直在努力！根深才能叶茂，一家永远立足农村、立足农业、立足农民的企业，必将在人才、技术和资金上加大投入，振兴农牧业，为建设社会主义新农村培养更多合格的"绿领"！

　　"美丽乡村疃疃日，富康安居家家乐。"中国新农村的愿景就是新希望心之所向！

目 录
CONTENTS

第一章 空舍管理

空舍管理是对出栏后鸡舍卫生清洁管理的统称。

空舍管理是啥？

图1-1 地面垫料养殖

图1-2 铺网养殖

白羽肉鸡养殖在中国经过30余年的发展，养殖模式经历了多次迭代升级，从最初的粗放养殖到集约化养殖。目前白羽肉鸡的养殖模式大致分为3种：地面垫料养殖模式、铺网养殖模式（高床铺网和低床铺网）、立体笼养模式（图1-1~图1-3）。一个完整的白羽肉鸡养殖周期为41~52天。笼养模式饲养日龄38~40天，空舍期3~5天；地面垫料平养和低床铺网饲养日龄40~42天，空舍期7~10天；高床铺网饲养日龄40~42天，空舍期5~7天。这几种养殖模式平均年出栏肉鸡6.5~7.3批次。

空舍管理是指对出栏后鸡舍卫生清洁管理的统称。空舍期是指出栏前1天至雏鸡入舍前的阶段的统称。

白羽肉鸡在饲养到35日龄时，就应该协调冷藏或屠宰场制订出栏计划。在出栏前2~3天就应该做出栏后鸡舍的清洗、消毒的准备工作。

图1-3 立体笼养养殖

第一节 清扫与清洗

在一个饲养周期以后，鸡舍里面一定残存大量的灰尘、鸡粪、鸡毛、饲料等，可能还有老鼠、昆虫，同时灰尘与鸡粪里面有大量的细菌和病毒，这些都可能会对生产造成严重的影响。为了能够养好每一批鸡，就要对空鸡舍进行清扫和清洗，整理物品准备下一批次的生产工作。

一、不同养殖模式清理程序有何差异

根据鸡粪清理类型可以将养殖模式划分为集中除粪式与阶段除粪式两种，即垫料养殖模式与铺网养殖模式。垫料养殖模式就是在鸡群出栏后集中一次性清理鸡粪，笼养模式则是每天进行鸡粪清理。因为笼养模式少了一道鸡粪集中清理的工序，因此会大大减少工作量。但是，笼具中空隙和死角多一些，不容易清理干净，很多缝隙都会有鸡粪和鸡毛的残留，在冲洗过程中需要仔细检查。

二、清扫流程与要求

垫料养殖模式的鸡粪是在出栏时集中清理的，随后需要彻底清扫鸡舍。笼养鸡舍在清扫过程中最好多次运转清粪设备，将缝隙内残存的粪便清除干净，便于之后的清洗工作。

1. 清空饲料

清空鸡舍料线和料槽内残存的饲料。如果料塔仍旧剩余饲料，则将料塔中的剩料打包挪走，打包好的剩料转移到其他场，彻底清洁料塔。

2. 水线处理

将水线用1%的醋酸溶液充满并浸泡24小时，之后排净醋酸溶液。也可以采用管通等水线处理剂进行浸泡处理，具体浸泡时间以说明书为准。

3. 清洗鸡舍

地面养殖按照顶棚→墙壁→地面，前→中→后的顺序依次进行。

笼养模式按照顶棚→墙壁→笼具→地面，前→中→后的顺序依次进行（图1-4）。

a.清洗鸡笼具及垫网　　b.清洗粪带　　c.清洗地面和墙壁

图1-4 清洗鸡舍

4. 要求

鸡舍内不能有灰尘、蜘蛛网、鸡毛、鸡粪、垫料、饲料、死鸡等。

冲洗鸡舍应本着从上到下的原则（先冲房顶，再冲洗设备，最后冲地面）。

笼具及垫网：全方位冲洗累积的粉尘、杂物、空中悬浮物等。

水线与料槽：多方位、多角度冲洗，逐个水杯、料槽冲洗干净。

粪带：在笼子两侧斜向30～45度角冲洗，粪污及杂物大面积冲完后，让粪带在运行中冲洗，尤其要多加注意粪带两侧边缘挡板处。

风机冲洗：逐个冲洗扇叶、防护网、风机框架等。

逐个冲洗小窗。

洗净行车挎斗及其他用具，并放置在合适位置。

鸡舍外面冲洗：逐个清洗外面的小窗、风机，冲洗操作间及门前地面（图1-5）。

最后将鸡舍内地面冲洗干净。

鸡舍清扫与清洗有什么注意事项呢？

三、注意事项

因鸡粪混杂稻壳等垫料而变得干燥多尘，因此清理鸡粪时做喷淋降尘处理，防止灰尘污染环境。

拉鸡粪的车进行密封处理，避免鸡粪在转运过程中洒落在场内及沿途而对周围环境造成污染。

怕潮、怕湿的器具和电子元件尽量都拆除至舍外，温度、湿度探头等各种传感器等无法拆除的元器件用塑料布包裹，防止清洗鸡舍时受损。

清洗鸡舍时应切断舍内电源，从鸡舍外接入动力电源，防止人员遭受电击伤害。

图1-5 清洗风机

第二节　灭鼠、灭虫

蚊蝇、寄生虫类（球虫、鸡虱、绦虫等）、啮齿类（老鼠等）等都会携带细菌、病毒等病原微生物，同时它们还是一些寄生虫的中间宿主，这些可能致使肉鸡感染疾病。球虫会使肉鸡患球虫病，破坏肉鸡肠道健康，对肉鸡生长造成一定影响，影响料肉比和肉鸡成活率。啮齿类动物除了传播疾病外，还会啃咬电缆和信号线，破坏鸡舍内的电器设备。有研究表明，啮齿动物能够导致饲料成本增加20%，同时对人的危害也很大。曾经有养殖场因老鼠啃咬电缆发生火灾，最终酿成大祸。

一、消杀方法

1. 灭虫

鸡舍内会有鸡虱、球虫、蚊子、苍蝇、黑甲虫等。对于垫料养殖模式来说，鸡粪是这些有害生物最大的藏匿地点。灭虫时，先把鸡粪堆成一个狭长的垛条；再沿着堆的每边施用化学杀虫剂，施用杀虫剂的宽度大约一脚宽；最后在堆的顶部喷杀虫剂。这样，可以把企图从堆上逃跑的昆虫杀死。每两批鸡更换一次杀虫剂，以防产生耐药性。

球虫和鸡虱等会隐藏在鸡舍墙壁缝隙、笼具缝隙等处，可以采用火焰消毒的方式进行消杀。

2. 灭鼠

想要有效地消灭鼠患，就要遵循如下3个步骤。

（1）寻找鼠迹。定期观察，评估老鼠的活动范围和活动轨迹。通常情况下，老鼠喜欢在有饲料和水源的地方活动，料塔周围、料槽（料盘）等都是老鼠经常光顾的场所。

（2）加强管理。及时将洒落在地面的饲料清扫干净。在鸡舍门口设置挡鼠板，及时封堵各个洞口设置挡鼠板，及时封堵各个洞口，防止老鼠进入鸡舍。及时清理鸡舍周边的杂草，防止老鼠在鸡舍周围筑巢做窝。如有条件，在鸡舍墙根处做0.5~1米宽的水泥硬化（散水坡）。

（3）布设饵料。根据老鼠顺着墙边行走的习性，应在鸡舍外墙各个角落、墙边投放饵料，在料塔周围布设捕鼠器（图1-6）。

图1-6　放置捕鼠盒

第三节　空舍消毒

　　鸡舍消毒是鸡舍进鸡前一项重要的工作。在消毒前一定要对鸡舍进行彻底清扫清洗，这样消毒效果才能达到最佳。为保证消毒全面，鸡舍消毒一般要进行3～4次，每次使用不同消毒剂，同时还要注意消毒剂之间的相互作用。

一、操作流程

　　消毒药使用操作流程一般如下：

　　选择消毒剂→配制消毒剂→使用消毒剂（浸润、喷雾、泼洒、擦拭、熏蒸、涂抹）。

　　空舍消毒流程如下：

　　清洗→干燥→喷洒→干燥→喷洒→干燥→喷洒→熏蒸。

二、消毒剂的选择

　　养殖上常用的消毒剂根据杀菌能力分为高效、中效、低效3个类别。

　　高效消毒剂：杀灭大部分细菌、真菌、细菌芽孢、病毒等。

　　中效消毒剂：杀死细菌繁殖体、真菌和大多数病毒，但不能杀死细菌芽孢。

　　低效消毒剂：杀灭多数细菌繁殖体、部分真菌和病毒，但不能杀灭细菌芽孢、结核杆菌以及某些真菌和病毒。

　　根据化学特性划分可分为6类：

1. 氧化剂类（高效）

　　杀菌机理：释放出新生态氧，氧化菌体中的活性基团。

　　杀菌特点：作用快而强，能杀死一切微生物（细菌芽孢、病毒）。

　　主要用途：表面消毒。

　　代表药物：二氧化氯、双氧水、臭氧、过氧乙酸等。

2. 醛类消毒剂（高效）

　　杀菌机理：使蛋白变性或烷基化。

　　杀菌特点：对细菌、芽孢、真菌、病毒均有效；环境温度对消毒效果影响较大。

　　主要用途：表面消毒。

　　代表药物：甲醛、戊二醛等。

3. 酚类消毒剂（中效）

　　杀菌机理：使蛋白变性、沉淀或使酶系统失活。

　　杀菌特点：对真菌和部分病毒有效。

　　主要用途：表面消毒，环境消毒。

　　代表药物：苯酚、来苏水等。

4. 醇类消毒剂（低效）

　　杀菌机理：使蛋白变性，干扰代谢。

　　杀菌特点：对细菌有效，对芽孢、真菌、

病毒无效。

主要用途：只能用于一般性消毒，例如手的消毒，手机、对讲机、注射器等的消毒。

代表药物：乙醇、异丙醇等。

5. 碱、盐类消毒剂（高效）

杀菌机理：使蛋白变性、沉淀或溶解。

杀菌特点：能杀死细菌繁殖体，但不能杀死细菌芽孢、病毒和一些难杀死的微生物。杀菌作用弱，腐蚀性强。

主要用途：只能作为一般性预防消毒剂，如用于消毒池、消毒垫的消毒。

代表药物：火碱、食盐等。

6. 卤素类消毒剂（中效）

杀菌机理：氧化菌体中的活性基团，与氨基结合而使蛋白变性。

杀菌特点：能杀死大部分微生物，性质不稳定，杀菌效果受环境条件影响大。

主要用途：表面消毒，水体消毒。

代表药物：部分含氯消毒剂（次氯酸钠、漂白粉）、聚维酮碘、碘附等。

消毒剂对人体都有不同程度的危害，使用时要注意安全。

高效消毒剂，如甲醛、戊二醛、过氧乙酸等，作用广泛，杀灭效果有保障。在消毒剂选择上应尽量选择高效消毒剂。但是高效消毒剂在高效的同时，对人体是损害也是较大的。在使用过程中，一定要做好对人和物品的保护。

为保证消毒全面，鸡舍消毒一般要进行3～4次。

三、消毒剂的配制

根据使用环境和使用说明书上推荐的浓度进行消毒剂的配制。常见配制比例为1:200；1:500；1:1 000等。

1. 材料准备

矿泉水瓶（容积550毫升）、水桶（容积50升）、消毒剂、电子秤、自来水、橡胶手套、木棍等。

2. 操作方法

（1）实际生产过程中，消毒剂的配制不需要像做科学实验那样精准，因此无须准备量杯，只需要准备几个常见的矿泉水瓶，剪去瓶口，在瓶身等分做出标记，作为量筒。为保证量筒精准，可以用大号注射器抽取消毒剂进行标记，以后只需直接将所需的消毒剂倒入矿泉水瓶即可。

（2）水桶内放入少量的水，将量好的消毒剂加入水桶内，将水加满，用木棍搅动均匀。

四、第一次消毒——喷雾消毒

第一次采取喷雾消毒：对棚顶、墙壁、笼具、地面等进行消毒。

1. 消毒前的准备

清扫地面积水，晾干。

饲养员戴好口罩、防风眼镜、绝缘胶手套、穿好水靴。

脚踏盆中放入适量配好的药。

2. 操作过程

将高压清洗机枪头（图1－7）调节成雾状，将配置好的消毒液用高压清洗机（图1－8）均匀地喷洒至鸡舍每个角落，消毒范围包括棚顶、墙壁、网架、地面，注意要消毒全面、喷洒均匀。

消毒剂用量及喷雾颗粒：消毒剂用量30毫升/立方米，喷雾粒子直径80～100微米。

消毒顺序：从鸡舍最里面到最外面倒退着、从上至下依次进行，喷枪斜向上方喷雾。

一定要按照使用说明书上推荐的浓度进行消毒剂的配制哦！

干燥后，进行第二次的喷雾消毒操作。

安全操作：操作者应佩戴帽子、口罩、手套、眼镜等防护设施，避免消毒剂对操作者造成身体损害。

图1-7 消毒喷枪头

图1-8 高压清洗机

五、第二次消毒——喷雾消毒

1. 鸡舍内部消毒

第二次消毒在移入器具、设备（开食盘、推车、水桶等）后进行，仍采用喷雾消毒。

消毒前清扫地面的积水，待其风干，移进并摆好本栋舍内的用具（开食盘，挡风布等）。

封严塑料布，检查是否有漏缝和漏洞。

关闭后门，打开小窗。

从湿帘处开始消毒，消毒液用量为300毫升/米。

消毒范围为整个棚：先棚顶、后墙体、笼具、地面、工具等。

注意控制进度，喷洒均匀，不留死角。

消毒后，关闭小窗，鸡舍保持密封。

2. 全场消毒

操作过程如下。

（1）消毒前，饲养员戴好口罩、防风眼镜、绝缘手套，穿好水靴。

（2）打开消毒机器，用高压冲洗枪将消毒剂均匀喷洒在鸡舍四周各通道，每平方米喷洒0.3~0.5升，一直喷到大门口。

（3）注意控制进度，喷洒均匀，不留死角。

注意事项如下。

（1）鸡舍内消完毒后再进行全场消毒。

（2）将场内的杂物全部清理，场内杂草铲除后再进行消毒。

（3）消完毒后在场内投放鼠药，死鼠埋入土中。

（4）如遇恶劣天气（下雨、雪，刮大风等），等天气好转后进行。

六、第三次消毒——熏蒸消毒

第三次消毒采用熏蒸消毒。消毒时，室内温度不能低于26摄氏度，因此需要根据季节选择是否需要加温以保证熏蒸温度。

1. 熏蒸前的准备

将舍内灭鼠药清除出舍。

实施鸡舍和舍内设备的维修和保养。

密封整个鸡舍：所有风口都用报纸和糨糊封好，墙缝用泡沫填充，保证密不透风。

提前准备好专用的防毒面具。

2. 烟熏剂法

操作人员戴好防毒面具，将二氯异氰尿酸钠与其相匹配的助燃剂（套装成品）充分混合均匀，每栋鸡舍均匀布置6个点，从鸡舍风机端到操作间依次点燃，见图1-9。点燃时速度一定要快。

图1-9 熏蒸消毒——烟熏剂法

3. 高锰酸钾甲醛法

器具准备：根据所采用的熏蒸方法和消毒剂选择相应的器具，甲醛、高锰酸钾、瓷缸等。

将鸡舍密闭好，并加湿至60%以上，升温至25摄氏度以上。

药品的用量一般按照每立方米需福尔马林（37%～40%的甲醛水溶液）30毫升、高锰酸钾15克和水15毫升来计算。

按照鸡舍体积和药品用量计算所用瓷缸数量，将瓷缸在鸡舍内均匀摆放。

用喷雾器在鸡舍墙壁及地面喷洒水分，使鸡舍内的湿度达到70%以上，温度达到25摄氏度。

先将水倒入瓷缸容器内，然后加入高锰酸钾，搅拌均匀，再从鸡舍里面向门口方向加入福尔马林，之后人迅速撤离，密闭鸡舍。

4. 熏蒸及熏蒸后通风

人员撤离后，鸡舍温度继续保持在25摄氏度以上，封闭门窗熏蒸消毒24小时以上。

熏蒸消毒结束，打开鸡舍门窗，通风换气48小时，等甲醛气体完全挥发后再使用。

七、注意事项

消毒前要将所要消毒场所清扫干净，不能满是灰尘和杂物。

消毒剂大多具有毒性和刺激性，使用时应注意防护，操作过程注意人身安全。

判断消毒液使用的环境条件，如环境较差，则需要提高消毒剂浓度和作用时间，以保证消毒效果。

消毒前要将育雏时所需物品全部放到鸡舍内进行集中消毒处理。

第四节 鸡舍整理

在消毒工作完成后，要对鸡舍进行整理，保证雏鸡入场后有一个舒适的环境，这也是养殖成功的前提。

鸡舍整理流程见表1－1。

表1－1 鸡舍整理流程

入雏前时间	工作项目	要求
60小时	暖风炉检查试用	检查暖风炉的控制电脑、线路是否正常，炉膛、烟囱是否已清理干净并密封良好
		暖气片和风扇电机安装、调试，加热管路不漏水
24～48小时	鸡舍预温	操作间物品摆放整齐，笼内垫网铺平，加热到32摄氏度。夏季提前24小时，冬季一般提前48小时进行预温
	育雏准备	鸡舍物品摆放整齐，育雏间隔断、水线、料线、照明、控制线路检查调试，开食布、料盘、喷雾器、药品准备到位。挡鸡板开口调整好，防止鸡钻出围栏
10小时	消毒、加湿、加温、调试风机	最后一次消毒，同时加湿。加温至35摄氏度，维持3～4小时，调试风机运转正常，检查风窗和百叶有没有密闭
6～8小时	反冲水线、拍打乳头	反冲洗水线2小时，用喷雾器加清水冲洗水杯，检查调试水线是否有漏水，乳头是否动作灵敏
4～6小时	调整水线、开食盘加料	水线调整到位，杯托离网2厘米，开食盘或小料桶中加入饲料
1～3小时	设置电脑参数（温度、湿度）	设定电脑控制仪参数：温度曲线、首日温度。调整湿度至65%～70%，调试料线和料位器，打料
0.5小时	加水	水线加水，加入开口药，检查其他设备是否正常，鸡舍温度降至28摄氏度

第二章 饲养管理

肉鸡饲养管理是一个系统性工程，每个环节都很重要。饲养管理按照生产流程划分为2个阶段，即育雏期与育肥期。育雏期指雏鸡生长的前3周龄（0日龄至21日龄）；育肥期指从4周龄至出栏这一阶段。育雏期管理是否成功，直接影响到雏鸡的发育好坏和育肥期的生产成绩。饲养管理包括群体管理与个体管理。其中，群体管理主要是环境管理和免疫建立两方面，个体管理则侧重于糊肛鸡管理和弱小鸡管理。

本章主要介绍肉鸡饲养过程中需要进行的工作流程和操作方法，从鸡苗入舍开始，直到出栏，按时间顺序——介绍，包含接鸡苗、开食饮水、质量评估、雌雄鉴别、分群、光照管理等操作。

第一节 接鸡苗

一、事前准备

鸡舍密闭完成，升温至32～34摄氏度。

鸡笼底网铺平。

进鸡前一天将水桶放满水，预温。

进鸡前将料桶装满，料桶底下铺牛皮纸或旧报纸。料桶限饲格第一天不使用。

乳头接水杯内注满清水。

水线降至接水杯贴到鸡笼底网上。

二、卸车

人员准备：卸车人员，转运人员。

操作要求：两盒摞放，平端鸡盒运至鸡舍内前端，见图2－1。

夏季：将鸡盒摆放在鸡笼顶部，拿掉盒盖，均匀摆放至鸡舍过道内，便于分笼操作。

冬季：迅速将鸡盒转运至鸡舍前段温度较高处。在人员充足的情况下可直接将鸡苗均匀摆放至鸡笼位置，方便放鸡操作。

图2－1 搬运鸡苗盒

三、放鸡

进雏当日,将鸡舍温度降至27摄氏度左右,并根据笼位数量计算每笼需要放置的鸡苗数量。放置好鸡苗后,将空鸡盒摞在一起,拿出鸡舍。以上工作结束后,诱导雏鸡开食饮水,快速建立开食饮水习惯。将鸡舍温度逐步提升至32摄氏度;调整挡鸡板高度(图2-2)至适合位置,为雏鸡采食由料桶(图2-3)向料线(图2-4)或料槽过渡做准备。

小技巧:可以制作一些小工具(如调节刻度尺),提高工作效率。

图2-4 料线

四、嗉囊检查

分别在雏鸡入舍后6小时、12小时、18小时检查雏鸡嗉囊饱满情况(图2-5),以判断雏鸡开食饮水效果。如果开食饮水效果较差,要分析原因并解决问题。

影响开食饮水效果可能的原因如下:

水位、料位准备不充分。

鸡舍温度不合适。

饮水水温不合适。

图2-2 调整挡鸡板高度

图2-3 料桶

图2-5 嗉囊检查

第二节 雏鸡质量评估

鸡苗入舍后，统计路途死亡鸡苗数量，抽检鸡苗体重情况，检查入舍4小时后鸡苗的精神状态、16小时后鸡苗开食饮水情况。对鸡苗质量进行评估，体重≥36克，均匀度≥85%视为优质鸡苗。鸡苗质量评估参见表2—1。

表2-1 鸡苗质量评估表

检查项目	优质鸡苗特点	劣质鸡苗特点
精神状况	眼神明亮、活泼好动	精神沉郁、闭目呆立
脐部发育	愈合良好、绒毛干燥	愈合不良、浊液、卵黄囊外突 出血结痂、脐部裸露
绒毛情况	整洁有光泽	蓬乱、污秽、无光、短缺不全
腹部情况	大小适中 柔软	特别大、稍硬
肛门情况	无粪便黏着	有粪便黏着
鸣叫声音	洪亮有力	沙哑无力
抓握表现	挣扎有力	绵软无力

有如下情况可能会对雏鸡均匀度造成一定影响。

熏蒸后甲醛气体残留。
鸡苗品种不纯，孵化种蛋周龄差异较大。
料位不合适，颗粒料粒径不均匀。
环境温度不适宜。
水线调节高度不合适。
育雏期光照强度不够。
疾病或细菌感染。

第三节　诱导雏鸡开食饮水与称重

一、诱导雏鸡开食饮水

　　雏鸡早期死亡多数是因为脱水。因为有卵黄囊的存在，雏鸡3天不进食不会危及生命，但是不饮水就会导致死亡。在进鸡前，料桶内加入饲料，水线内注满清水，水杯注水。雏鸡入舍后应同时进行诱导开食饮水操作，让雏鸡尽早采食饮水，这样可以促进肠道绒毛的早期发育，也可以缩短卵黄吸收的时间。

图2-7　雏鸡饮水

1. 雏鸡开食饮水操作方法

　　（1）诱导饮水。用木棍轻轻敲击水线，使水线乳头上悬挂水珠（图2-6），通过水珠反光吸引雏鸡啄食，从而使雏鸡迅速建立饮水反射（图2-7），提高雏鸡早期成活率。

　　（2）诱导开食。采食反射通常不需要进行诱导，雏鸡有自行寻找食物的习性，也可以通过轻轻敲击料桶或料槽的方法吸引雏鸡，帮助雏鸡快速建立采食反射。

2. 水温与水线高度

　　育雏期的管理目标是促使雏鸡体重达标

（理想水平是每周的体重都要超过标准参数）。体重发育可以作为评判雏鸡内脏器官发育状态好坏的标准。当雏鸡体重不达标时，多数人首先考虑是饲料营养不达标或鸡苗质量差，或鸡舍温度不适宜所致，很少有人关注水温对雏鸡发育的影响。研究表明，雏鸡能忍受5～30摄氏度的水温差异，最佳水温为10～14摄氏度；水温如超过26.7摄氏度，饮水量和每日增重将明显下降（表2-2）。另外，1周龄采食量和饮水量不足会导致肠道绒毛发育迟缓。

图2-6　水线乳头挂水滴

表2-2 不同水温下雏鸡的饮水量

水 温	饮水量
低于5摄氏度	水温越低，鸡的饮水量越少
10~14摄氏度	比较理想
超过30摄氏度	太热，鸡的饮水量下降
44摄氏度	鸡只拒绝饮水

前3天每隔2~4小时进行一次水线排水工作，靠近热源的水线间隔30分钟就要进行排水工作，使水线内的水温保持在25摄氏度。第4~7日龄每隔12小时排水一次。8日龄后只需要在每周进行水线清洗时排水即可，无须单独排放。在高温高湿的季节，当鸡舍内的温度超过30摄氏度却又无法使用湿帘进行降温时，可以通过排放水线内的水来降低鸡笼内的温度，降低鸡群的体感温度。

二、雏鸡称重

称重是评估鸡群发育的一项重要手段。通过对称重数据的分析可以帮助管理者及时做出饲养程序的调整。

称重点的选择：取鸡舍前、中、后和左、中、右交叉共9个称重点，每个称重点称取不少于10只鸡，采样量不少于总群数的2%，计算平均体重和均匀度。

当鸡舍温度超过30摄氏度怎么办呢？

第四节 温度和湿度与通风换气

温度分为干球温度和体感温度。干球温度指温度计上显示的温度。体感温度指实际感受到的温度，受干球温度、湿度和风速影响较大。在设置温度时，尤其是育雏期的温度设置（图2-8），不能仅考虑温度，还要考虑湿度。当鸡舍环境相对湿度较高时，鸡舍温度相对均匀稳定，受外界影响相对较小，此时可以参照表2-3设定温度；当鸡舍相对湿度较低时，鸡舍温度稳定性较差，受外界影响变大，此时应注意体感温度，执行最小通风，稳定环境。

温度设置需要看鸡施温，即结合鸡群状态做相应调整。

一、湿度控制

首周龄尽量将相对湿度控制在65%以上。第2周随着通风量的增加，相对湿度保持变得困难，尽可能将相对湿度控制在60%以上。第3周以后根据实际条件进行湿度控制，尽量做到不低于50%。

采取地热加热方式的可以在地面洒水，这样会取得很好的加湿效果。其他供暖方式的可以采用雾线喷雾等方式进行鸡舍湿度的控制。

二、温度控制

温度控制请参照表2-3。

表2-3 温度管理参照表

日龄	相对湿度≥60%	相对湿度<60%
0	32摄氏度	34摄氏度
1	31摄氏度	33摄氏度
2	30摄氏度	32摄氏度
3	29.5摄氏度	31.5摄氏度
4	29.2摄氏度	31.2摄氏度
5	28.9摄氏度	30.9摄氏度
6	28.6摄氏度	30.6摄氏度
7	28.3摄氏度	30.3摄氏度
8日龄至出栏	每周降2摄氏度	每周降2摄氏度

图2-8 育雏温度测量

三、通风换气

通风换气是指利用风机排除鸡舍内有害物质（如氨气、硫化氢、一氧化碳和粉尘等），同时吸入新鲜空气。通风会直接影响鸡舍内空气质量、温度和湿度。负压通风换气有3种模式：最小通风（寒冷季节使用）、过渡通风（气温上升时使用）、纵向通风（炎热季节使用）。

1. 通风换气目的

保证给鸡群提供正常呼吸所需氧气。

排除有害气体（氨气、一氧化碳等）。

排出呼吸、水漏、鸡粪等产生的水分。

夏季排出鸡群的热量、水分，排出鸡舍产生的辐射热。

平衡鸡舍温差。

2. 通风原则

育雏前期采用最小通风模式，方法详见第五章的《最小通风》一节。

14日龄前，经过鸡背的风速应该尽可能低于0.20米/秒。此时只需要考虑相对湿度对体感温度的影响，14日龄以后就要考虑风速对体感温度的影响了。

15～21日龄，风速应该不超过0.5米/秒，采用过渡通风模式，应该考虑体感温度。

22～28日龄，要限制风速不超过1.02米/秒，采用过渡通风模式，应该考虑体感温度。

29日龄以后，风速不受限制，可以考虑用湿帘蒸发降温。要考虑体感温度和相对湿度的关系，详情请查阅第五章的《湿帘降温与纵向通风》一节。

3. 鸡舍内风速

平面养殖中，鸡背风速是我们夏季通风时最常提到的，也被称为鸡舍纵向风速。在炎热夏季我们通过增加鸡背风速达到降低鸡的体感温度的效果。原理是利用风冷效应。鸡背风速=风机排风量/鸡舍横截面积。测量鸡背风速时，取鸡舍前、中、后和左、中、右交叉共9个点（图2-9）的风速平均值。实际测量中会发现，越是靠近鸡舍墙壁位置风速越低，越靠近鸡舍中间风速越高。通常最大鸡背风速不超过2.5米/秒。

●	●	●
●	●	●
●	●	●

图2-9 测量位置示意图

立体笼养中鸡舍内风速理论上指鸡舍横截面积平均风速。实测过程中会发现，鸡舍顶部风速最快，笼架位置风速慢，两侧风速最小。测量时，取鸡舍前、中、后和左、中、右交叉共9个点的风速的平均值。通常鸡舍内最大风速不超过3.5米/秒。

4. 过湿帘风速

湿帘通水时风穿过湿帘的风速。湿帘规格不同，过湿帘风速也有差异：一般10厘米厚湿帘过湿帘风速1.2～1.5米/秒；15厘米厚湿帘过湿帘风速为1.8～2.0米/秒。理论上，湿帘风速=开启风机排风量/湿帘总面积。

实际测量时，用风速仪测量湿帘表面均匀5点的平均风速。

5. 通风小窗风速

通风小窗风速直接关系到最小通风时风进入鸡舍的路径和落点。通常通风小窗风速与鸡舍负压大小直接相关，利用伯努利公式可以相互换算。一般通风不同、鸡舍宽度不同，对应的风速与负压不同。

第五节 鸡群巡视

巡视鸡群，观察鸡群精神状态、粪便、叫声和警觉反应等，可以较为及时地判断鸡群生长发育状态。

正常情况下，雏鸡对观察人员的靠近反应敏捷，行动活泼，叫声洪亮；或部分雏鸡对观察人员的靠近无明显反应，均匀分布侧卧伸腿休息。

雏鸡展翅伸脖，张口喘气，呼吸急促，饮水频繁，远离热源，当开门时雏鸡把头都伸向开门处等，说明舍内温度过高，或舍内缺氧。

雏鸡扎堆或站立不卧，身体发抖，不时发出尖锐的叫声，拥挤在热源处，说明育雏温度过低。

雏鸡的头、尾和翅膀下垂，闭目缩颈、羽毛蓬松、逆立，远离鸡群呆立，行动迟缓，叫声低沉，这些都是病态的表现。

发现病鸡应及时挑出隔离，以防止病情扩散。

第六节 公母鉴别

当前我们饲养的快大型白羽肉鸡，公雏和母雏的生长速度、料肉比和抗逆性均有差异，这就给饲养管理、产品整齐度和养殖经济效益带来影响。传统的雌雄混雏、全进全出模式正在逐步向雌雄分饲改进。

一、准备工作

物品准备：雏鸡盒、标记笔、铅笔。

人员准备：一人或多人（消毒后，着工作服）。

雏鸡准备：出壳后2~12小时内的雏鸡。

二、鉴别工作

（1）鉴别室升温到25~30摄氏度。

（2）人员、器具准备妥当，标记好雏鸡盒（左边公雏♂，右边母雏♀）。

（3）右手握雏，让其背部朝上、尾部朝前。

（4）用左手的拇指或食指捻开雏鸡翼羽，上层为覆主翼羽，下层为主翼羽（图2-10）。为了更容易辨别主、覆翼羽，图2-11展示了成鸡的主、覆翼羽。

（5）观察主翼羽和覆主翼羽的相对生长长度，参照表2-4的说明鉴别公母。

（6）公雏和母雏分别放置在已标记好的对应的雏鸡盒里。

图2-10 雏鸡主、覆翼羽

三、操作特点

操作简单，速度快：捻开鸡翅，用肉眼一看，就能分辨公母雏鸡，熟练后每天能鉴别1万只以上。

准确率高：经过培训，操作熟练的员工，

表2-4 快、慢羽检测特征表

羽速	特征	性别
快羽	主翼羽长于覆主翼羽且绝对值大于等于5毫米	母雏
	主翼羽长于覆主翼羽且绝对值小于5毫米但大于2毫米	
慢羽	等长型（主翼羽与覆主翼羽等长）	公雏
	倒长型（主翼羽短于覆主翼羽）	
	未长出型（主翼羽未长出或主、覆主翼羽均未长出）	
	微长型（主翼羽长于覆主翼羽2毫米以内；除翼尖处有1~2根主翼羽稍长于覆主翼羽外，其他的主翼羽与覆主翼羽等长）	

准确率能达到99%以上。

对鸡苗伤害小：相对翻肛雌雄鉴别，轻轻捻开鸡翅即可，不存在挤压腹腔翻肛操作。

四、注意事项

（1）鉴别时间有要求。时间超过24小时后羽速特征标准会随着生长变化。

（2）雏鸡对温度比较敏感，体温调节能力差，鉴别室温度要控制好，防止雏鸡冷应激。

（3）握雏时防止用力过度，将雏鸡弄伤。

（4）捻开翼羽时要散开羽毛，同时要保持一个方向和姿势，防止方向不一致造成人为鉴别错误。

（5）鉴别时要将弱残雏挑出，单独饲喂和进行管理。

（6）鉴别完后要将鉴别好的雏鸡放入对应的雏鸡盒中，防止混淆。公、母雏鸡盒要注明相应标志。一边鉴别一边统计，每一个雏鸡盒分为4格，每格放25只雏鸡。最后做好记录。

图2-11　成鸡主、覆翼羽

第七节　分群

为了前期雏鸡能够更好地生长，育雏早期往往将雏鸡集中在鸡舍环境条件最为稳定舒适的区域进行育雏工作，等雏鸡适应能力稍微强一些再进行分群工作。对于笼养鸡舍来说，如果是中层育雏，夏、秋季节气温度较高时，可以一次性向上下两层同时分群（一次性分满全棚）。冬、春季节气候较为寒冷时建议中层育雏，然后再进行2次分群。第一次往下层分，第二次往上层分，这样可以规避通风时冷风带来的养殖风险。如果是散热器片或暖风带供暖方式，建议先将鸡分群至上层，然后再往下层分群，具体以棚舍实际情况为依据调整分群时间和方式。

第八节　光照管理

　　光照程序设定是肉鸡管理的关键因素和取得最佳生产成绩的基础。有大量的研究表明，合理的光照可以改善肉鸡的免疫系统发育，也可以促进生长，降低猝死和腿病的发生率。

一、光源与光照强度

1.光源颜色

　　以蓝绿色灯光为最佳，冷白光次之。蓝绿色光可以促进生长发育。

2.光照强度要求

　　鸡舍照明应该均匀分布在整个育雏区，尽量减少明暗差距。育雏前期光照强度适当提高，这样可以帮助雏鸡迅速适应环境。当雏鸡完全适应鸡舍环境后，应适当调低光照强度，这样可以减少雏鸡活动量，以达到降低料肉比的目的。体重达到160克以后开始限光，将光照强度调整到5~10勒克斯。当雏鸡体重达到200克时，便可以缩短光照，以达到限制生长的目的。

二、光照程序调整

　　为减少熄灯对肉鸡的应激，调整光照程序时尽量固定关灯时间，通过调整开灯时间来调整光照时间。夏季尽量在夜晚进行熄灯操作，冬季在白天进行熄灯操作，这样可以减少温度对鸡群的影响。熄灯前后由于鸡群有补偿性采食，此时鸡舍温度有0.5~1摄氏度的上升，待鸡群稳定后又会有0.5摄氏度的下降，这是正常现象，是由于鸡群活动量的变化导致的热量增减。在寒冷地区，可以在熄灯前适当提高鸡舍温度，以补充熄灯后的温度下降。

　　当鸡群出现精神萎靡，采食下降或处于疾病恢复期时可以适当调亮光照强度，刺激鸡群兴奋来增加采食量。

　　各个地区肉鸡光照程序没有统一标准，应结合鸡群实际情况进行调整。表2-5的光照程序仅供参考，切不可完全照搬。

表2-5 肉鸡光照程序

日龄	光照时间／小时	黑暗时间／小时	光照强度
0~3日龄	23	1	越亮越好
4~7日龄	22	2	30勒克斯
8~34日龄	18	6	15勒克斯
35日龄	19	5	5~10勒克斯
36日龄	20	4	5~10勒克斯
37日龄	21	3	5~10勒克斯
38日龄至出栏	23	1	5~10勒克斯

第九节　出栏

"编筐编篓，重在收口。"出栏是饲养管理中最后的一个环节，这也是对一批生产过程的总结。出栏过程的好坏将直接影响最终的生产成绩。出栏包含抓鸡与运输管理。这两个环节做得不好，会直接导致本批饲养的料肉比有大幅波动，同时也会影响到屠宰环节的产品质量。

一、抓鸡与运输

抓鸡前要将鸡舍内的温度探头、湿度探头等易损物件拆除，防止抓鸡过程造成损坏。

根据出栏时间安排，抓鸡前5~7小时饲喂最后一次饲料。

抓鸡前30分钟加大鸡舍通风量，调低鸡舍温度，保持抓鸡过程中空气流通。

调暗鸡舍灯光，避免因抓鸡操作引起鸡群应激造成挤压死亡。

根据进屠宰场的时间和抓鸡速度合理计划安排抓鸡开始时间。

抓鸡动作要轻，抓鸡操作只能抓住鸡的双腿关节部位，不可单腿抓鸡腿，不要抓鸡翅，更不要扔鸡。

毛鸡筐装满后将盖子盖上，避免鸡伸出头被夹伤、夹死情况出现。

装车完成后，将鸡筐固定，防止鸡只漏跑。

一般每年5月1日~10月1日天气炎热时，必须安排专人给鸡车淋水，以减轻热应激。

冬季装鸡时必须采取遮盖措施，特别是冬季下雨、下雪、大风天气，防止运输过程中冻死鸡。

二、料肉比计算

1. 背景知识

料肉比是肉鸡常用的一个生产指标，就是消耗饲料量与鸡的毛重之间的比值。但在生产数据统计过程中，死淘鸡的饲料消耗量和体重以及鸡苗（图2-12）初生重统计方式不同常会造成料肉比数据大小不一。现根据表2-6所示的鸡群批次养殖数据，将常用的4种料肉比计算方法及特点介绍如下。

图2-12　鸡苗采食

表2-6 示例鸡群批次养殖数据

状态	存栏数目/只	日死淘数目/只	日添加饲料/千克	平均体重/克	日平均采食/（克/只）	累积采食/（克/只）	死淘鸡采食量/千克	死淘鸡重量/千克
接雏	14 280	0	114	41	8	8	0.0	0.0
1日龄	14 230	45	171	54	12	20	0.9	3.5
2日龄	14 205	45	227	65	16	36	0.9	1.6
3日龄	14 180	35	284	85	20	56	1.4	2.1
40日龄	13 255	25	2 439	2 515	184	4 315	107.9	62.9
41日龄	13 230	50	2 461	2 615	186	4 501	225.1	130.8
出栏	13 180	0	200	2 715	15	4 516	0.0	0.0
合计		1 100	61 313	2 715			1 790	1 177

算法一：

$$料肉比 = \frac{饲料总添加量}{出栏鸡总重量}$$

$$= \frac{61\,313}{(2\,715 \times 13\,180) \div 1\,000}$$

$$\approx 1.7\,134$$

算法一的特点：理解简单，计算简单；最利于反映养殖效益；一线生产经常使用。

算法二：

$$料肉比 = \frac{出栏鸡总饲喂量}{出栏鸡总重量}$$

$$= \frac{61\,313 - 1\,790}{(2\,715 \times 13\,180) \div 1\,000}$$

$$\approx 1.6\,634$$

算法二的特点：较利于突出饲料品质；受死淘鸡数据影响较大；较为烦琐，不经常使用。

算法三：

$$料肉比 = \frac{出栏鸡总饲喂量}{出栏鸡总增重}$$

$$= \frac{61\,313 - 1\,790}{(2\,715 - 41) \times 13\,180 \div 1\,000}$$

$$\approx 1.6\,889$$

算法三的特点：较利于突出饲料品质；受死淘鸡数据影响较大；较为烦琐，不经常使用。

算法四：

$$料肉比 = \frac{饲料总添加量}{鸡群总增重量}$$

$$= \frac{61\,313}{2\,715 \times 13\,180 \div 1\,000 + 1\,177 - 14\,280 \times 41 \div 1\,00}$$

$$\approx 1.6\,856$$

算法四的特点：最利于突出饲料品质；受死淘鸡数据影响较小；数据复杂，常用于科研实验。

说明：此算法示例中，死淘鸡的饲料采食量和体量，均取自平均数据。实际生产中有诸如疾病、猝死等不同死淘原因，实际数据与平均数据或有出入。

咳咳，这4种算法你都学会了吗？

第十节 无抗养殖技术

近10多年来，各种原因导致的食品安全类事件频发，抗生素超剂量、超范围的使用导致耐药菌株和超级细菌的出现，加上环境污染的加重，无抗或减抗养殖被提到了各级政府、行业主管部门、科研单位和养殖场的重要议事日程。自欧盟2006年全面禁止使用促生长类、抗生素类饲料药物添加剂以来，已得到世界范围内的积极响应，并逐步立法限制或禁止饲料中使用抗生素。在2016年9月4日杭州G20峰会上，因抗生素滥用引起的细菌耐药性问题亦提上议程。G20公报中提到细菌耐药性严重威胁公共健康、经济增长和全球经济稳定，并认为有必要以实证方法减少抗生素的使用，降低细菌的耐药性。在我国，2016年8月5日，由国家卫计委、农业部等14部门联合印发了《遏制细菌耐药国家行动计划（2016—2020年）》。2018年4月20日，农业农村部发布了《关于开展兽用抗菌药使用减量化行动试点工作的通知》，并组织制定了《兽用抗菌药使用减量化行动试点工作方案（2018—2021年）》。

抗生素类药物添加剂的作用和对畜牧业的重要贡献是显而易见的，但畜禽产品药物残留及细菌耐药性等带来严重的食品安全隐患和卫生风险也是迫切需要解决的问题。因此，无抗或减抗养殖成了行业的热点，业内专家学者、生产人员也为此进行了大量有益的探索和实践，并取得了一定成效，见图2-13。

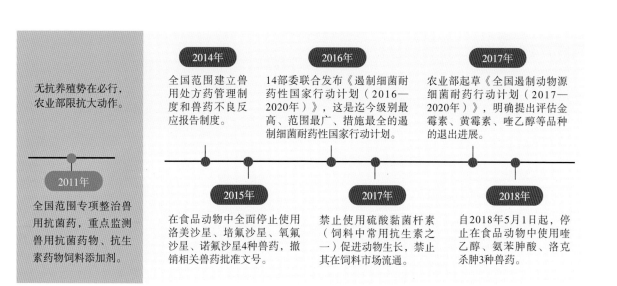

图2-13 无抗养殖推进历程

一、无抗养殖可行吗？

答案是肯定的。实践证明，通过改善养殖环境、科学保健、合理调整动物营养、提高养殖管理水平、强化细节管理等，是可以获得良好养殖效益的。

二、无抗养殖，发病后可以用抗生素吗？

动物发病后是可以使用抗生素进行治疗的，但是必须根据动物的生长期、生产阶段等严格按照国家的法律法规选用适当的抗生素药物，按照规定的剂量、规范的使用方法进行处置。另外，要保障食品安全，严格落实停药期。

三、无抗养殖，有哪些抗生素替代品？

目前来讲，可以使用的抗生素替代品（简称替抗产品）分为八大类：抗菌多肽类、益生菌和益生元、有机酸、免疫因子、酶制剂、植物提取物、中药、噬菌体黏土等。

四、无抗养殖，有无捷径？

可以肯定地说，实现无抗养殖是没有捷径的。要想实现无抗养殖，必须扎实地做好生物安全工作，做细、做实日常管理工作等，通过综合管理提高畜禽的自身免疫力和抗病力，让养殖的全过程不使用抗生素，实现高产、稳产。

五、无抗养殖系统解决思路

简单地说，就是要坚持不懈地将自己的养殖场打造成一个"五好"养殖场，即让鸡"吃好、住好、喝好、喘好、玩好"。只有这样，鸡才能健康地完成自己的生长发育周期，才能从根本上不用或少用抗生素，减少生长和生产过程中对药物的依赖，实现减抗或无抗养殖。无抗养殖系统的解决方案及路径。

耶！

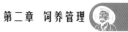

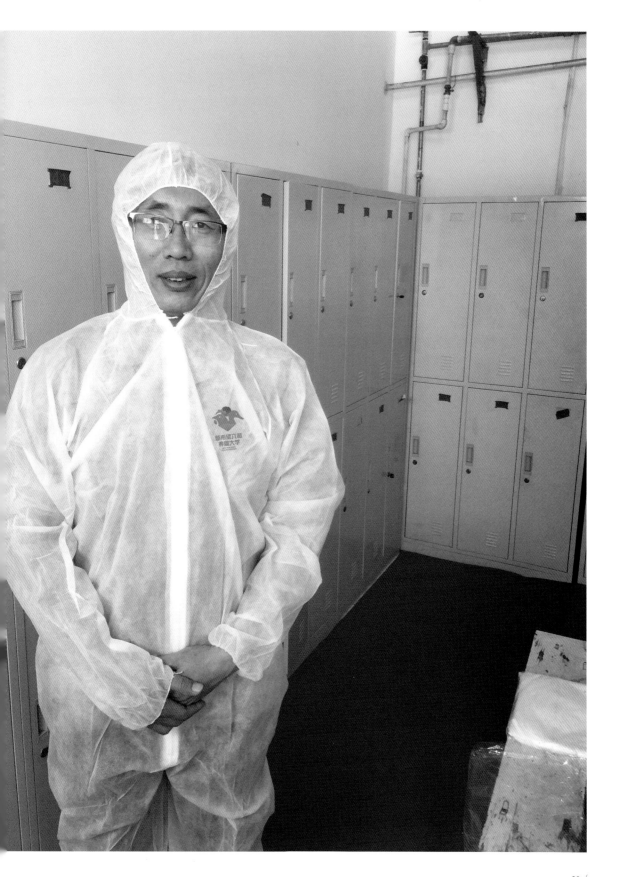

六、替抗产品在动物体内的作用机理是什么？

不同抗生素替代品的作用机理既有相同之处又有各自的不同。

1. 抗菌肽

抗菌肽是生物体内经诱导产生的一类具有生物活性的小分子多肽的总称，分子量在2 000～7 000道尔顿，由20～60个氨基酸残基组成。这类活性多肽多数具有强碱性、热稳定性、广谱抗菌和免疫调节作用等特点。

其抗菌作用机理是通过两亲基团或者碱性阳离子的物理电性作用破坏细胞膜，造成细胞膜破裂或者穿孔，导致胞浆物质外溢而灭活细胞。它不仅具有抗菌功能，而且还具有免疫调节的作用，并能促进组织修复。

抗菌肽具有抗菌、免疫调节、促进组织修复功能。

2. 微生态制剂

微生态制剂可促进肠道正常微生物菌群生长繁殖、抑制致病菌生长繁殖，从而达到调节肠道免疫和促进动物生长的作用。其主要作用是维持肠道内菌群的平衡，而肠道也是体内淋巴细胞主要聚集的器官，在机体免疫中起到了至关重要的作用，特别是对肠道感染的细菌具有显著的抑制作用。

微生态制剂可调节肠道免疫和促进动物生长。

常用的益生菌多为复合菌株，目前最常用的菌种为乳酸杆菌属、乳酸链球菌属等。乳酸杆菌属及乳酸链球菌属为肠道中正常存在的微生物；非益生菌类芽孢杆菌属及酵母菌属也零星存在于肠道中。对家禽肠道健康起决定性作用的还是以乳酸杆菌类为主的益生菌。研究发现，产乳酸菌和产丁酸菌的平衡对于稳定肠道代谢平衡有重要意义。

丁酸梭菌又名酪酸梭状芽孢杆菌、酪酸菌，广泛存在于土壤、人和各种动物的肠道中，是人和动物肠道正常菌群之一。据资料介绍，丁酸梭菌主要代谢产物是丁酸，可消除肠道过量乳酸积累，对维持消化系统正常机能和预防结肠炎及结肠癌有重要作用。因此，丁酸梭菌是一种安全、有效、无毒副作用、对人和动物健康有促进作用的益生菌。

丁酸梭菌能够经过胃和小肠，到达完全厌氧的回盲结合部、盲肠和结肠进行定植、繁殖和代谢。丁酸梭菌在代谢过程中产生丁酸、丁酸梭菌素（抗菌肽）、淀粉酶、叶酸等多种维生素、氢气等，具有促进肠道有益菌生长，抑制有害菌繁殖，纠正肠道菌群紊乱，维持肠道菌群平衡，修复肠道黏膜，增强肠道屏障功能的作用，从而维护动物肠道健康，提高生产性能。

3. 酶制剂

饲用酶制剂大致可以分为消化酶和非消化酶两类，通常在营养层面发挥作用。比如提高畜禽消化道内源酶活性，补充内源酶的不足；破坏植物细胞壁，提高饲料的利用效率；消除饲料中的抗营养因子，促进营养物质的消化吸收，等等。

4. 酸化剂

酸化剂有如下作用：一是能降低胃肠道pH。酸化剂使胃内容物pH维持相对稳定，具有改善消化道酶活性和营养物质消化率的作用，能降低病原微生物的感染机会，抑制病原微生物的繁殖，促使进益生菌繁殖。二是调节微生物菌群的结构。三是直接参与机体内代谢，使营养物质的消化吸收增加。四是增强免疫机能，缓解应激。五是改善饲料的适口性，增加采食量。

酸化剂既能降低胃肠道pH，又能调节微生物菌群的结构。

5. 植物提取物

植物提取物大多具有调节肠道微生物群，提高肠道中有益菌如乳酸杆菌的数量，增强食欲，抗氧化，免疫调节，抗炎，抗寄生虫（抗球虫等）等作用。通过减少病原体在肠黏膜上的黏附，改善肠道组织等。其主要作用机理如下：植物精油成分具有亲脂性，通过引起磷脂双分子层结构紊乱，破坏膜蛋白，造成细胞膜渗透性增大，内容物外流，质子动势缺失，ATP合成被阻断，造成细菌死亡。

6. 中草药

通过建立动物机体、环境变化相统一的管理思维，运用系统化的中医思维的理念，根据动物机体的功能表达（表象），确定治疗方法。依据表象选用合适的组方，由组方和药性来选择不同的药材，或选用经典成方加减、验方或组方，进行对症或系统治疗，通过机体功能的改善以实现动物体内在的平衡，维持健康。

生产中除加强生产管理外，一旦需要进行替抗处理，则通常是多种替抗产品配合使用，才能实现良好的养殖效果。如针对肉鸡拉稀过料现象，一是可以选用葡萄糖氧化酶进行酶处理，二是可以口服丁酸梭菌进行肠道修复和微生态平衡的调节，三是选用中药制剂。

第十一节 "肉鸡腹水"

从事肉鸡养殖的一定见到过"肉鸡腹水"这种现象。这时，饲养者通常先想到的是通风量小了，"憋"着了。那么"肉鸡腹水"真的是舍内氧气不足造成的吗？

一、"肉鸡腹水"简介

什么是"肉鸡腹水"呢？

"肉鸡腹水"又称肺动脉高压综合征。是以鸡的心、肝等实质器官发生病理变化、明显的腹腔积水、右心室肥大扩张、肺淤血水肿、心肺功能衰竭、肝脏显著肿大为特征的一种营养代谢病。因该病的特征性症状——腹腔积液，故称为腹水综合征，俗称"肉鸡腹水"或"大肚子鸡"。

该病首次报道于1946年。"肉鸡腹水"主要发生于生长速度较快的幼龄鸡群中，公鸡发病率高于母鸡，多见于10～30日龄。在发病季节上，多见于寒冷的冬季和气温较低的春、秋季节。

通过肉鸡生长规律曲线可以知道，10～30日龄正是肉鸡生长速度最快的阶段，能量代谢更强，耗氧量增加，但心肺系统和血液循环系统远远落后于肌肉组织的生长发育，心肺系统无法满足机体生长所需的氧气量，导致肺动脉升高，心脏超负荷工作。长期发展就会导致心脏衰竭和肺动脉高迅，最终导致"肉鸡腹水"的产生。

而在我国北方地区，特别是在冬季天气寒冷季节，有时为了通风而人为或意外地造成鸡舍温度过低。如果长期如此，就会导致心脏衰竭和肺动脉高迅，最终导致"肉鸡腹水"的产生。

什么是
"肉鸡腹水"呢？

从表面上看，机体缺氧是"肉鸡腹水"发生的根本原因。那么究竟是鸡舍换气不足还是鸡吸收氧气的能力下降导致的机体缺氧呢？

空气中氧气含量为21%，鸡正常呼出的气体中氧气含量也高达16%（表2-7），这说明鸡群呼吸时消耗的氧气并没有想象中那么多，下降的比例并不高。但是二氧化碳含量确实大幅度增加，是吸入空气中二氧化碳含量的130多倍，而二氧化碳浓度高会抑制氧气的吸收利用。鸡舍内的氨气浓度增加又会破坏鸡的呼吸系统，造成氧气利用率下降。冷空气和灰尘也会刺激呼吸道产生黏液堵塞器官，造成氧气利用率下降。

通过以上分析得出结论，鸡舍内的氧气浓度是可以满足鸡群需求的。但是随着鸡群的生长，二氧化碳和氨气浓度及灰尘也是会增加的，这些因素会降低鸡对氧气的吸收利用率。因此，应该从如下方面入手来降低"肉鸡腹水"的发生率。

表2-7 鸡正常呼吸吸入和呼出的气体成分

名称	氮气	氧气	稀有气体	二氧化碳	其他杂质
吸入空气	78%	21%	0.94%	0.03%	0.03%
呼出气体	78%	16%	0.94%	4%	0.13%

因此，可以从以下方面降低"肉鸡腹水"的发生率。

二、防控手段

第一，10～25日龄时，适当控制肉鸡生长速度，降低鸡的能量代谢速度，使心肺系统和血液循环系统与肌肉组织的生长发育尽可能保持同步。我们可以采取光照控制和限制饲喂的方式进行调控。

第二，鸡群生长前期适度通风，保持鸡舍内二氧化碳和氨气浓度的较低水平。

第三，保持鸡舍内温度和湿度均一稳定，避免鸡群出现因低温而增加新陈代谢速度，加重心肺负担的状况。尤其冬季寒冷时更要注意，避免因通风过度而造成的低温应激。

第四，改善饲养环境，鸡粪清理要及时，避免鸡粪发酵产生氨气，刺激呼吸道。可以适当增加清粪次数来改善鸡舍环境。

第五，合理控制光照。采用间歇光照法是促进肉仔鸡生长发育、降低"肉鸡腹水"发生率的有效方法。降低鸡舍内光照强度，使鸡群处于平静状态，降低灰尘飘动频率。

第六，调整日粮营养水平和饲喂方式，用低营养水平日粮饲喂的肉仔鸡"肉鸡腹水"发生率远远低于采食高营养水平日粮仔鸡。

建议在3周龄前饲喂低能日粮，之后转为高能日粮。具体实施方案如下：1～3周龄，粗蛋白20.5%～21.5%，代谢能11.91～12.33兆焦/千克；4～6周龄，粗蛋白18.5%～19.5%，代谢能12.54～12.75兆焦/千克；7周龄至出栏，粗蛋白13%，代谢能12.75～12.96兆焦/千克。

10～25日龄时，应适当控制肉鸡生长速度。

"肉鸡腹水"发生的特点

◎发病日龄为10～30日龄。
◎发病群体为速度较快的幼龄鸡群，公鸡发病率更高些。
◎发病时间为寒冷季节和气温较低的春秋季节。

第三章 日常管理

本章主要介绍肉鸡饲养管理过程中的常规操作,对生产管理细节进行完善。

本章主要介绍肉鸡饲养管理过程中的常规操作，对生产管理细节进行完善：定期进行水线清洗有助于鸡群饮水健康；匀料操作可以减少饲料浪费，刺激鸡群采食欲望；净槽操作可以有效降低肉鸡腺胃炎病的发生概率；对问题鸡群的处理和处置有助于提高成活率，降低生产成本。鸡群饮水给药的细节和数据管理在本章都有呈现。

第一节　水线清洗

　　肉鸡饮水中通常存在杂质多、硬度高的问题，同时饮水加药时的中药超微粉、脂溶性维生素以及饮水免疫时水溶性差的抗生素残留等，都会导致水线管内壁逐渐形成生物膜，引起有害病原微生物的滋生，从而堵塞水线乳头。我们需要定期清洗水线。

水线清洗流程如图3－1所示。

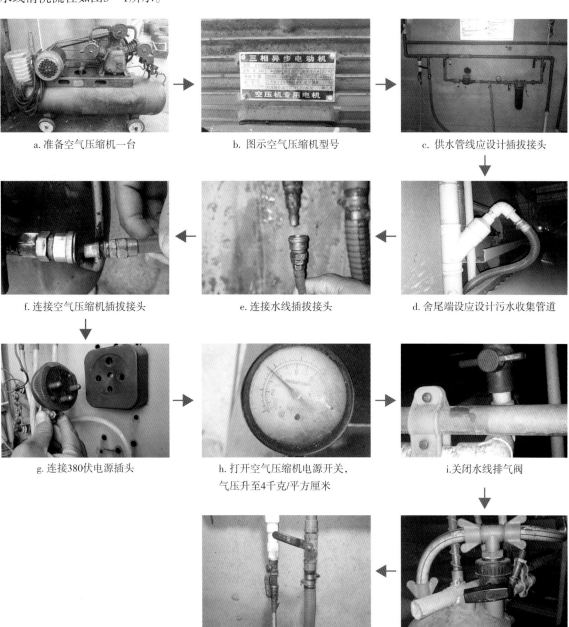

a.准备空气压缩机一台　　　　b.图示空气压缩机型号　　　　c.供水管线应设计插拔接头

f.连接空气压缩机插拔接头　　　e.连接水线插拔接头　　　　d.舍尾端设应设计污水收集管道

g.连接380伏电源插头　　　　h.打开空气压缩机电源开关，　　i.关闭水线排气阀
　　　　　　　　　　　　　　　气压升至4千克/平方厘米

k.打开送气阀门，开始清洗水线　　　j.打开水线反冲阀

图3-1　水线清洗流程图

结束水线清洗工作后，各项开关、接头复原，关闭电源，正常供水即可。建议每批次清洗水线不少于3次，防止水线内形成生物膜，保持水质清洁，保障鸡群健康。

空气压缩机功率较大，气压可达400千帕，一次可以清洗90米长水线10根，10~15分钟即可冲洗干净。用空气压缩机配合水线反冲的模式清洗水线，速度快，效果好，成本低廉，是值得推广的水线清洗方法。

清洁是最好的消毒，是生物安全的基础！

第二节　匀料和净槽

匀料和净槽是养殖生产中极为普通又非常重要的两项日常工作，也是检视现场生产管理是否精准到位的工作表征之一。这两项工作虽操作简便，但意义重大，不可不做！

一、匀料

匀料（图3-2），顾名思义就是在投料时和投料后，要人为地、最大限度地使料槽内的饲料均匀分布，保证鸡只采食均匀，满足鸡只的营养需求。

图3-2　鸡舍匀料

1. 匀料有什么意义呢？

匀料是对鸡的呵护，是动物的一种福利，是饲养人员责任心的体现，是保证均匀布料的辅助手段，是提高均匀度的主要措施，是刺激肉鸡采食、提高出栏重（50～75克）的重要措施，是减少饲料浪费、降低料肉比的途径之一，是近距离发现问题的好机会。

2. 你也认为匀料浪费时间，会很累吗？

其实不是的。饲养者匀料不仅能近距离观察鸡群，深入细致地做好现场管理。而且，匀料也是一项很好的健身活动。

在肉鸡的饲喂管理上，原则上是多吃多占，尽量满足采食欲望。因此在匀料时，可依据采食速度和多少的差异，分析鸡群情况，诸如健康程度、饮水量是否合适等。

3. 一天当中匀料几次好呢？

在开食阶段可以多匀料几次，尽量保证不少于8次，育雏期不少于6次，生长育肥期不少于4次。

4. 匀料都有什么样的工具？

匀料的工具有很多，最好的"天然工具"就是自己的手（图3-3），手的感知功能强，通过手型的变化让饲料起垄、混匀；其次是大家自己制作的匀料"神器"（图3-4）；最后是机械匀料，通过喂料机运行时的自带功能或绞龙式启动料线匀料。

图3-3　天然工具——手

图3-4 匀料"神器"

图3-6 料槽匀料

5.匀料方法有哪些?

不同的喂料方式,就会有不同的匀料方法。使用料桶喂料(图3-5)时,要原地左旋一下再快速右旋一下(动作要稳、快);使用料槽喂料时(图3-6),要前后匀料。

笼养模式需要上下匀料、前后挪料(多吃多得)、前期内翻(便于采食)、后期外翻(便于采食),还要做到适时补料。

网养或平养模式,则要经常启动料线,每次3~5分钟,实现匀料的作用。

6.匀料达到什么样的标准呢?

原则上,在任何时候看上去,料槽内的饲料厚度都是一致的,无"层峦叠嶂、沟壑林立"现象,更不能出现"撑死或饿死"的现象(图3-7)。

图3-7 "层峦叠嶂、沟壑林立"

图3-5 料桶匀料

7. 匀料应该注意些什么?

匀料时要翻起来、翻到底,及时清除料槽中的粪便和"口水料"(图3-8),另外要注意匀料(图3-9)时不要溢出饲料。

图3-8 "口水料"

图3-9 笼养模式匀料

二、净槽

简单地说，净槽就是在下一次给料前，通过鸡的自由采食或采取人工清理的办法，使料槽内呈现干净无料的状态（图3-10）。

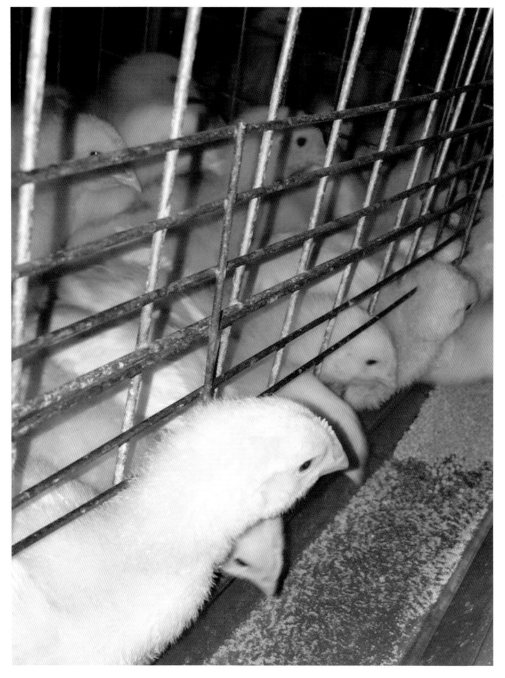

图3-10　空槽状态

1. 为什么要净槽?

净槽可以使鸡保持良好的食欲,同时可保证鸡摄入全价的营养。净槽是提高鸡群均匀度的措施之一,也是防止饲料霉变、减少饲料浪费的重要手段。另外,净槽能适当减轻鸡群胃肠道的负担,有效降低肌腺胃炎的发生概率。

2. 不净槽可以吗?

答案是不可以。对肉鸡来讲,原则上是多吃多占多长,饲养管理应以满足鸡的采食欲望和激发鸡的生长潜能为侧重点。然而,净槽是必需的。第一,鸡是有挑食行为的,生产中鸡往往是将颗粒状的饲料拣食完后,粉末状的部分很少采食,料槽底部会积存大量的粉末状料而造成浪费或营养不平衡。第二,通过净槽,可以减少饲料在空气中的暴露时间,降低粉化率,减少空气中的污染。第三,通过净槽,杜绝饲料霉变(图3-11)。料槽内有异常潮湿的饲料(图3-12)容易导致饲料霉变,净槽可以让鸡经常吃上新鲜的饲料,提高动物的福利水平,利于鸡的健康。

图3-11 饲料霉块

图3-12 料槽内异常潮湿的饲料

3. 净槽有时间要求吗?

有,净槽不要在鸡的采食高峰期进行。

4. 多长时间净槽一次好呢?

夏季可隔日一次,春、秋季节每周2~3次,冬季每周不少于1次。肉鸡生长育肥期可2~3天进行一次。

5. 净槽方法是什么?

根据日龄查对饲养管理手册,结合饲养实践,准确给予料量。

一次性给料或分次给料,通过反复多次匀料,让鸡采食干净。

食槽见底,保持空槽一定时间。

净槽可与光照相结合。

希望小伙伴们每次都能吃得很干净。

6. 净槽有什么标准?

具体需要根据喂料器具决定。使用料桶喂料的,在舍内能听见叨啄空桶的声音;使用料槽喂料的,则是"见底不露底",料槽内的余料厚度不大于1.5厘米(见图3-13、图3-14)。

使用料槽喂料的,保持各层料槽一致(匀料实现),喂料前反复匀料、必要时个别料位适时补料(采食均匀),空槽有一定时间(2～3小时)。

图3-13 净槽效果(1)

图3-14 净槽效果(2)

7. 净槽有什么注意事项吗?

净槽前,一定要将口水料、霉变料除去,及时清除料槽中的粪便、羽毛和羽屑等。净槽程度不宜过于严厉,以免造成人为限饲。净槽时段不能落在采食高峰的时段上。净槽时,不能停水或限水。

如果不经常净槽,就会造成饲料堆积(图3-15),可能引发霉变,饲料营养丢失等。

图3-15 饲料堆积

第三节 雏鸡"糊肛"

雏鸡为何会"糊肛"？

雏鸡饲养到第3天时，可能会发现一些小鸡的屁股变黑，也有个别的变白，这就是雏鸡"糊肛"（图3-16）。"糊肛"是雏鸡育雏阶段的常见病症，多见于雏鸡出壳后3天，其危害相对较小。但如果不够重视，治疗不及时或者治疗措施不当，就会导致其生长缓慢，存活率降低。"糊肛"是因为雏鸡排出的粪便较为黏腻，含水量较高，粪便变稀污染肛门周围绒毛而导致的。

一、具体原因

1. 吃得不对（单纯性消化不良）

这是雏鸡"糊肛"最常见的原因。刚出壳的雏鸡消化器官容积小，如果此时饲喂粗蛋白含量高的饲料，或者开食较晚，就会导致雏鸡出现"糊肛"。

2. 喝得不对（脱水后暴饮）

由于长途运输或初饮过迟，雏鸡脱水而引起血液浓缩，导致肾脏苍白肿大，尿酸盐沉积。此时如果大量补充不含电解质的常水，雏鸡就会因高渗水而发生腹泻，排出黏液状的白色稀粪，粪便黏着于肛周绒毛引起"糊肛"，严重者甚至会引发水中毒导致急性死亡。

3. 养得不对（应激）

刚出壳的雏鸡由于自身体温调节中枢发育不成熟，对外界的环境变化十分敏感。当外界环境发生急剧变化时，不能有效调整自己的体温，加之免疫力低下，而引起消化系统症状，排出的粪便稀稠不一，引起"糊肛"。

4. 补得不对（饮水中糖分含量过高）

为了防止雏鸡因失水而影响生理活动，通常在初饮水中添加葡萄糖、维生素和抗生素。饮水中的葡萄糖的浓度过高或饮用时间较长，会引起肠道内容物黏性增加，排出的粪便粘在肛门周围，造成"糊肛"。

总结：小范围的糊肛可以进行单独护理，用消毒液对其肛门进行清洗消毒。群体性的糊肛则应对照以上原因进行纠偏操作。

二、解决方法

适当调节鸡舍温度，避免高温高热，加重雏鸡脱水，适当进行低温育雏。及时开食开饮，雏鸡进场后应立即开食（在3小时内开食），同时可以饲喂0.2%～0.3%的复合酶或者适量的酵母片。饮水添加补液盐或者电解质，维持必要渗透压，即可防止高渗水腹泻症状的出现。如要添加0.5%～1%的低浓度葡萄糖溶液来补充雏鸡体力。

对于已经出现"糊肛"的雏鸡可用棉签蘸取消毒液进行擦拭，将干结的粪便擦掉，这有助于雏鸡的快速恢复，见图3－17。

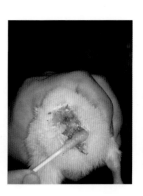

图3－16　雏鸡"糊肛"　　　图3－17　硬结粪便处理

第四节 饮水加药

家禽养殖过程中，饮水加药是常用的家禽健康保证手段。在养殖一线生产中，加药后常常没有达到预期效果。除诊断失误、伪劣药品的原因外，加药管理不当造成的药品浪费、治疗延误也是重要的原因。

一、饮药准备

1. 掌握鸡群的信息

掌握上午、下午、夜间采食量、饮水量。这是药物配比基础，用这些数据可以计算出水药配比数量，合理控制饮药时间。

掌握呼吸道和消化道情况、毛色、眼神、精神状态，便于药品饮用期间、饮用后对比追踪药物的效果。

如果是产蛋鸡或者待售肉鸡，需要考虑药物残留问题，计算饮药的经济效益，决定是否饮药或者适时淘汰等。

2. 准备饮水设备（水线）

杜绝"跑冒滴漏"（图3-18），防止浪费药品、失去治疗效果。

图3-18 "跑冒滴漏"

检查平直度，保持药品饮用的整齐度。

保证垂直度（图3-19），防止"跑冒滴漏"。

检查乳头出水量，即堵塞程度，决定是否冲洗。

检查设备（加药器、加药泵、加药桶），保障饮水加药顺利进行。

检查供水系统和水质情况，确保水清洁，必要时鸡场应配备水消毒、过滤或净化设施。

图3-19 雏鸡饮水图

3. 制定"饮药明白表"

制定"饮药明白表"（表3-1）。表中包含标准化药品特性（如吸潮性、挥发性、毒性等）、水药用量、饮药时间、饮药目的等，保障饮水加药顺利进行，有利于工作交接，便于及时监控、追踪饮药效果。

表3-1　饮药明白表

鸡舍	第一天		第二天		第三天		第四天		合计	
	甘草粉	麻杏石甘散	甘草粉	麻杏石甘散	甘草粉	麻杏石甘散	甘草粉	麻杏石甘散	甘草粉	麻杏石甘散
1	N_1袋	N_2袋	N_3袋	N_4袋	N_5袋	N_6袋	N_7袋	N_8袋		
2	M_1袋	M_2袋	M_3袋	M_4袋	M_5袋	M_6袋	M_7袋	M_8袋		
3	L_1袋	L_2袋	L_3袋	L_4袋	L_5袋	L_6袋	L_7袋	L_8袋		
4	H_1袋	H_2袋	H_3袋	H_4袋	H_5袋	H_6袋	H_7袋	H_8袋		
5	X_1袋	X_2袋	X_3袋	X_4袋	X_5袋	X_6袋	X_7袋	X_8袋		
合计										

注：

甘草粉拌料N克/袋，每袋甘草粉拌饲料N包

甘草粉拌料：N包甘草粉拌料N包，收集起来；料车内二次混合，每包混N千克

麻杏石甘散N克/袋：每袋兑水N千克

麻杏石甘散饮水流程：小桶备60～80摄氏度热水N千克左右，搅拌预溶，倒入饮水大桶

专人负责，每天早晨定时发放药品，对饮药过程进行监控

加药泵检修、检查，注意监管，防止溢水。电接点接触器特别注意

用药目的：预防呼吸道疾病，注意跟踪用药效果

二、药品准备

1. 处方签

按照农业部规定，畜禽用药需要执业兽医师开具处方签。记录并规范用药流程，利于追溯用药历史，选取敏感性高的药物，避免重复用药。

2. 药品信息

商品名、通用名、生产厂家、生产日期、批准文号、主要成分、含量等药品信息的准确记录可以防止假药和过期药品的误用，准确指导用药，且便于根据药品厂家和当地特点筛选疗效高的药品。

3. 药品储运

药品储运要遵守《药品经营质量管理规范》（GSP）。遵守以下措施，防止药品在采购、运输、储存过程中因措施不当造成疗效降低或者失效的现象：

（1）采购有资质的兽药。
（2）储运防尘、防潮、防霉、防污染。
（3）储运防虫、防鼠、防鸟等。
（4）储运避光、通风和排水。
（5）定期检测和调节药库温、湿度。

4. 药品特性的掌握

（1）有吸潮性药品，容易结块，经常难以充分溶解，需要提前准备温水预溶解，例如黏杆菌素。

（2）掌握药品的中毒量。严格把控剂量、饮用时间，防止中毒。例如，马杜拉霉素等聚醚离子类抗球虫药的中毒量和治疗量接近，饲料中常常添加，容易出现中毒。

（3）掌握药品的适口性。苦、涩等会影响采食、饮水。例如，泰妙菌素、替米考星苦涩重，影响饮水量。

（4）掌握药品的半衰期、生物利用度、内服吸收情况、达到血药峰值时间、维持时长。例如，氨基糖苷类药物内服吸收较差，青霉素类药品半衰期较短，在药品使用时均应充分考虑。

（5）掌握停药期多久，是否违规。

一定要记住啊：畜禽用药需要执业兽医师开具处方签。

三、加药过程

1. 药品配制

药品配制环节，需要了解药品特性，例如以下常见特性及处理措施。

挥发性药物：应当在水下开启瓶塞，防止挥发浪费。

腐蚀性、刺激性药物：应当佩戴防护设施，如口罩、手套。

粉末性药物：应防止药品飞溅浪费以及误吸入呼吸道。

2. 加药准备

（1）加药泵模式：关掉加药泵电源，防止吸入预混液。

（2）加药器模式：关闭加药器前后端阀门，防止吸入预混液（图3－20）。

（3）提前试饮清水，了解鸡群饮水量，便于准确计算药品兑水量，合理控制饮药时间。

（4）少量药物试饮：根据药品适口性合理安排一栋鸡舍，或者在一段时间内试饮少量药物，这样更能准确把握药品兑水量，控制饮药时间。

（5）依据药品的特性，为保证饮药的均匀度，提高药品疗效，控水、控料，甚至控光都是可以采取的措施。

图3－20　加药器管路图

药品配制环节，需要了解药品特性。

药品扩溶要注意细节、步骤,保证药品溶解效果。

3. 药品的扩溶——加药泵

此过程需要注意细节、步骤,保证药品溶解效果。

大桶内准备计划兑水量的30%～50%。

使用小桶将药物预先混合为10～20升的溶液,适当搅拌,完全稀释。

将小桶内溶液倒入大桶。

使用清水刷洗小桶倒入大桶。

大桶加水至100%水量。

大桶加水过程中持续搅拌2～3分钟。

易分解、疗效降低的药物,可以分2次或多次溶解。

4. 药品的扩溶——加药器

此过程需要注意细节、步骤,保证药品溶解效果。

小桶内准备计划兑水量的30%～50%。

向小桶内添加药物。

小桶中加水至目标水量的100%。

小桶加水过程中持续搅拌2～3分钟。

易分解、疗效降低药物,可以分2次或多次溶解。

5. 开始加药

加药泵加药:打开加药泵开关,或者插好加药泵插头。

加药器加药:调整加药器前后阀门,使得清水由原来流经的管道改道,按照要求方向经过加药器。

记录开始饮用时间、水桶液位、水表读数等。

6. 过程监控

鸡的检查:鸡饮用药物期间饮水行为有无异常。

设备的检查:检查加药泵、加药器,保证药品饮用过程中无异常。

药品的检查:如果遇到药水变色、药物沉淀或浑浊、药水结晶、药水发热、有气泡冒出或有泡沫样物质，均应及时上报应对。

鸡群异常：如发现有鸡突然死亡、尖叫等，要停止饮用，提升水线，报场长或者处方人员应对。

设备异常处理：倾听加药泵或加药器运行声音是否异常，观察加药、饮水速度是否在计划中。如有异常，立即报修。

7. 加药结束

剩余少量药液时倾斜加药桶，继续加药至药液吸入完全。

使用少量清水刷洗加药桶，继续加药。若剩余的为难溶物，请直接下一步。

刷洗加药桶。

记录饮用结束时间。

饮用1~2小时清水。

冲洗水线，防止水线堵塞。

四、善后工作

按照要求将饮药情况记录日报。

对照饮用目的，实时追踪。

药品包装无害化处理，保留药品包装袋样品，以备将来查验。

分析用药影响：观察料量、水量以及采食时间变化，称体重，得到鸡的增重情况、料肉比变化情况，分析用药对家禽生长的影响。如果是蛋禽，同步分析产蛋率、料蛋比。如果是种禽，同步分析受精率、孵化率。

记得要按照要求将饮药情况记录日报啊。

第五节　饲料知识与饲料选用

饲料是养殖生产中不可或缺的生产资料。为了能更科学、理性地选择饲料，合理使用饲料，为鸡只提供平衡全价的营养，养殖人员必须掌握一些饲料方面的基本知识。

广义上讲，饲料是"能提供家畜营养需要，且在合理饲喂下不发生有害现象的物质"。也就是说，指一切能被动物采食、消化、吸收和利用，并对动物无毒、无害的物质。

一、饲料的分类

饲料按营养特性分为粗饲料、青绿饲料、青贮饲料、能量饲料、蛋白质饲料、无机盐饲料、维生素饲料和饲料添加剂八大类。

饲料根据来源又分为植物性饲料、动物性饲料、微生物饲料、无机盐饲料、非营养性添加剂饲料等。

二、饲料中的营养成分有几大类？

饲料中的营养成分有水、蛋白质、糖类、脂肪、无机盐、维生素。

三、各大营养成分都有哪些功能？

水：生命的基础物质。机体的新陈代谢、生命系统的平衡、营养物质的消化吸收和输送、血液循环、废物的排泄、体温的调节，每一个生命活动都离不开水。

水是有良好溶解能力的溶剂，有润滑作用，是体内所有酶的构成成分和体温的调节剂。水具有较大比热。

蛋白质：可构成机体组织结构，是生命活动中组织进行修补和更新材料，可转化为糖或脂。

糖类：供给能量；构成细胞和组织；维持脑细胞的正常功能；抗酮体的生成；代谢产生的葡萄糖醛酸中和体内毒素；膳食纤维加强肠道功能。

脂类营养物质：供给机体能量，是构成机体组织的重要物质和脂溶性维生素的溶剂；维持正常体温；促进食欲，增加饱腹感，延长食物在消化道停留的时间；提供必需脂肪酸，等等。

无机盐类：无机盐类又分常量元素和微量元素。常量元素如钙、磷、镁、钠、氯、钾、镁等；微量元素如铜、锌、锰等。钙传递神经信号，还是骨骼、牙齿主要成分。磷是身体中酶、细胞、脑磷脂和骨骼的重要成分。铁是制造血红蛋白及其他含铁物质不可缺少的元素。铜是多种酶的主要原料。钠是柔软组织收缩所必需元素。钾与钙的平衡对心肌的收缩有重要作用。镁促进磷酸酶形成，有益于骨骼的构成，维持神经的兴奋。锌是很多金属酶的组成成分或酶的激动剂……

维生素类：分脂溶性维生素和水溶性维生素。脂溶性维生素包含维生素A、D、E、K；水溶性维生素包含B族维生素和维生素C等。

四、常见的霉菌毒素

毒素主要分两类。

A类：田间毒素即赤霉烯酮、呕吐毒素、T-2毒素和伏马毒素。赤霉烯酮F-2，是天然的雌性激素，损害动物的生殖系统，有强烈的致畸性，能造成动物外阴肿胀、早产、流产、发情、胎畸形和死胎等。敏感动物为猪，尤其是乳猪、小猪、母猪。

B类：仓储毒素，即黄曲霉毒素、赭曲霉毒素。动物中毒表现为食欲差（适口性）、生长缓慢。曲霉毒素和赭曲霉毒素对动物肝、肾等内脏器官有损害，主要对家禽的影响较大。

五、饲料标签的辨认

饲料标签主要包含商标、品名及代号、适用范围、净含量、生产许可证号、产品编号、

保质期、产品组成、产品成分分析保证值、注意事项、休药期等。

六、购买饲料注意事项

在购买饲料时，应注意几点：一是尽量购买知名品牌、大厂家的饲料（相对来讲质量过硬、产品质量稳定）；二是沟通了解周边养殖场该饲料的使用效果、售后服务情况；三是合理估算性价比，不打感情牌、不买人情料，通过数据对比理性评价饲料的售价；四是在必要时可以进行小范围的饲养试验；五是仔细观察外包装，主要是查看产品的生产日期（最好是最近几天的产品）、批号（购买的同一批产品，尽量做到是同一生产日期）、保质期、添加药品等，另外要检视包装有无破损、污染等，六是在装卸时，注意规范装卸，不甩、不扔，装车完毕后，要用篷布封车，防雨防晒。

七、判定饲料的新鲜度

饲料新鲜度大都靠感官判断，主要是外观、气味、味道及原料本身特性判断。常规检测指标作为辅助判定指标。鸡群的采食情况也是判断依据之一。

八、饲喂管理上的注意事项

（1）少喂勤添，保证新鲜度；定时匀料，养成习惯；强弱、公母分群管理。

（2）坚持净槽；笼养注意口水料；定量饲喂，精准管理；料塔管理，防潮防晒。

（3）坚持小库存、快周转、先进先用；饲料开袋检查；注意饮水器管理，湿度控制。

九、如何预防饲料的霉变？

原料水分控制（表3-2）。

缩短成品料的贮存期：一般是不超过1周。

加工过程控水分、防吸潮：调整蒸汽饱和度，产品及时冷却等。

存放管理：垫板、离墙，避光、防潮、通风，防雨淋。

严格控制成品的库存周转天数（3~5天）。

在饲料的使用过程中，要保证饲料正确存放：垫板码垛、离墙30厘米，防鼠、通风、防潮、防水；建立垛卡，计划管理，先进先出；

运输注意防雨淋、防晒；感官检查饲料新鲜度。生产中做到开袋即食，减少饲料在空气中的暴露时间；准确计算每日饲喂量，控制库存；加强料线管理，布料均匀。料塔管理到位，防潮防晒，加强通风，定期检查有无结块。

关注造成饲料霉变的一切因素！

表3-2 水分含量的控制标准

品名	玉米	植物蛋白类	动物蛋白类	糠麸类	产成品
标准	≤12.5%	≤12.5%	≤12%	≤13%	12.5%~13.5%

十、肉鸡饲料的"三度一率"

肉鸡饲料的"三度一率"是指肉鸡全价颗粒料的长度、硬度、粒度（粉碎粒度、颗粒粒度）和粉化率。这4项指标的好坏直接关系到肉鸡的饲养效果。长度和硬度过大，不利于肉鸡采食，影响肉鸡的生长发育。粒度过粗或过细都不利于肉鸡的消化和营养物质的吸收，而且会造成饲料的浪费，导致料肉比偏高。粉化率过高，不仅造成营养物质的浪费，而且对肉鸡增重影响较大。因此应强化饲料管理工作。

除饲料厂着力加强生产管理外，在养殖生产中也必须做好现场的使用管理：一是尽量减少饲料在空气中的暴露时间，减少机械送料的次数，防止粉化率过高；二是育雏前期使用花料、破碎料，使用大颗粒时注意防止肉鸡出现甩料现象，一次给料量不宜太多；三是料号更换时要注意饲料的过渡，如遇质量问题应及时退还饲料。

十一、影响饲料颜色的因素

影响饲料颜色的因素较多，如原料的变化造成颜色差异，不同批次同一原料的色泽变化。另外喷油工艺、环模压缩比、调试温度等都会影响产品颜色。

十二、生物饲料

1. 什么是生物饲料?

生物饲料是通过发酵工程（图3－21）、酶工程、蛋白质工程和基因工程等生物工程技术开发的饲料产品总称，包括发酵饲料、酶解饲料、菌酶协同发酵饲料和生物饲料添加剂等。按照原料组成、菌种或酶制剂组成和原料营养特性将生物饲料分为4个主类、10个亚类、17个次亚类、50个小类和112个产品类别。

国内外从20世纪80年代开始使用发酵过的湿饲料、糖化饲料、酵母饲料等。早期的做法主要是通过微生物发酵使一些工农业下脚料（废渣、废水、高纤维素、杂粕类等）得到充分利用，之后逐渐开始发酵常用的饲料原料或混合原料（豆粕、棉粕、菜粕、麸皮、玉米等）。现阶段比较普遍的做法是将全价料直接发酵，或者将营养较为接近的单一原料进行发酵，可以直接饲喂或者干燥后加入配合料中，效果较好。

图3－21　生物饲料发酵

目前荷兰至少占50%的猪都使用微生态发酵饲料（图3－22），丹麦有30%以上的母猪使用发酵饲料。欧盟国家，主要倾向于发酵全价料或饲料的主要成分发酵。现阶段我国的发酵饲料（发酵全价料、豆粕、酒糟、麦麸、米糠、木薯渣、酵母培养物等）产业也有了较大的发展，而且技术产品成熟并为行业广泛接受。

图3－22　微生态发酵

2. 发酵饲料的优点是什么?

发酵饲料作为一种新型无抗饲料的优选解决方案,具有抑制病原菌增殖、提高畜禽生长速率和饲料报酬、降低生产成本等优势,可实现畜禽饲养过程中少用甚至不使用抗生素的目标。另外,它可以扩大饲料的选择范围和实现饲料定向转化,改善畜禽动物的粪尿气味,减少药物、无机盐等饲料添加剂的添加,降低加工能耗。

发酵饲料是一种新型无抗饲料的优选解决方案。

第六节 其他注意事项

一、外来人员

对到访的外来人员要严格限制，如无必要，尽量减少来访次数。对于必须入场人员，要严格执行防疫程序，进行完整的清洗→更换服装→消毒程序后方可入场。仔细询问来访人员是否去过其他有疫情场，如果前往过其他疫情场，则应拒绝其入场。防疫消毒程序请查阅第四章免疫与消毒的人员消毒与手消毒。

二、数据管理

肉鸡养殖不同于其他畜禽生产，因其周期短，一旦发生问题，往往不容易纠正，即使纠正也会对生产指标造成不可逆的影响。另外，鸡群在问题发生早期的症状表现很不明显甚至没有，等到实际发现临床症状时，已经是2天以后的事情了，这时再做相应的处置可能已经晚了。因此生产数据的收集与分析是必不可少的。

收集哪些数据？采食量和饮水量是最基础的数据。另外，温度、湿度数据可以帮助我们分析鸡群可能在哪个时间点上发生异常。

三、卫生

保持鸡舍内外环境的整洁对肉鸡饲养大有帮助。为了方便鸡场做卫生工作，最好将鸡舍外路面做硬化处理；及时清理料塔周边散落的饲料；及时将病死鸡从鸡笼内拿出，放入病死鸡袋内，并扎好袋口，放到指定位置；每天清扫鸡舍地面的羽毛、灰尘；对于笼养鸡舍，应做到每日清理干净鸡粪；定期清理鸡舍内的蜘蛛网、灯线笼具上的灰尘，降低鸡舍内粉尘含量。

消毒池：鸡场门口的消毒池应保持清洁，消毒液做到来车前更换。

鸡舍门口设置消毒盆（图3-23）或消毒垫，对进入鸡舍人员的鞋底进行消毒。每天要更换消毒盆内的消毒液，保持消毒液浓度达到要求。

图3-23 消毒盆

第四章　免疫与消毒

　　病毒和细菌就像侵略者一样，一旦在鸡群体内繁殖到一定数量就会导致鸡发病。免疫和消毒分别是鸡体内部和外部的卫兵，守卫鸡的健康。给鸡进行免疫，让鸡体内部产生抗体，杀灭鸡体内部病原微生物，起到防卫的作用。消毒就是利用消毒剂减少外部环境的病原微生物含量。想要鸡群尽可能少生病，就要有合理的免疫与消毒程序和正确的操作方法。本章主要讲解肉禽养殖生产管理过程中常用的免疫和消毒方法与注意事项。

第一节 点眼免疫和滴鼻免疫

点眼免疫是通过刺激哈德氏腺、呼吸道、消化道黏膜，诱导机体产生良好的局部黏膜免疫反应的操作方式，点眼免疫剂量均衡，更能刺激鸡群产生良好的体液抗体，是家禽免疫中非常重要的一种免疫方式。这种免疫方式不受母源抗体干扰，但在IgA抗体效价高时，只能使用弱毒苗进行免疫。同时，点眼免疫需结合当地疫情、鸡群抗体和疫苗特点进行操作。

滴鼻免疫的疫苗类型和作用机理与点眼免疫类似，而且免疫准备工作和善后处理与点眼免疫相同。下文着重以点眼免疫为例进行介绍。

一、准备工作

1. 物品准备

疫苗、疫苗稀释液、滴头、连接管、冰包、酒精棉球、镊子、5毫升注射器、保温箱、围栏、凳子、隔板、中号尖嘴钳，小号斜口钢丝钳、记录本、铅笔。

2. 人员准备

疫苗准备人员1人、鸡数记录人员1人、免疫操作人员多人。

3. 动物准备

需要点眼免疫操作的鸡。

二、操作流程

1. 操作准备

（1）信息核实：确定需要免疫操作的鸡只，确定点眼免疫需要的疫苗厂家、批次、毒株型号等疫苗信息。

（2）消毒防疫：人员和免疫所需物品必须消毒后方可进入鸡舍。

（3）配制：准备好疫苗稀释液和疫苗，用注射器抽取1~2毫升稀释液注射入装疫苗的瓶中，轻轻晃动；然后将装稀释液和疫苗的瓶的内层橡胶盖打开并用链接管链接，轻轻反复流淌3~5次；将配置好的疫苗倾倒入稀释液瓶中，每瓶5~10毫升；盖上滴头完成配制。

点眼免疫能刺激鸡产生抗体，是家禽免疫中非常重要的一种免疫方式。

（4）准备：将疫苗瓶直立，用右手拇指、食指挤压，排净空气；将疫苗瓶倒立垂直向下，吸进空气，使疫苗瓶处于适当充盈状态。对于小鸡，自己可抓鸡保定，使小鸡侧卧，眼睛处在水平状态；对于大鸡，自己一只手不能保定的，由助手协助保定。

2. 操作过程

（1）免疫：轻轻挤压疫苗瓶、待鸡的眼睛张开时，滴一滴疫苗进入鸡眼睛中，静置大约1秒钟，待鸡眼睛中疫苗吸收、消失，放入已免疫栏（图4-1）。

（2）计数：可选择操作。具体执行时，每20只鸡报一次数，由记录员记录"正"字的一笔，满5笔为100只，再加上最后零数最终合计后，确定鸡群只数。

（3）淘汰鸡：点眼免疫过程中需要抓一次鸡，准确把握每只鸡的体重、健康程度，可以淘汰病弱残小鸡，确保大群健康。在蛋鸡、种鸡上可以做一次分群工作，把小鸡分栏饲养，体重或者体长、毛色、发育等指标可作为分栏的依据。

图4-1 点眼免疫

3. 善后

剩余配制好的疫苗、空疫苗瓶、稀释液瓶等焚烧处理；其他器械进行消毒、清洁处理。

三、关键点

1. 疫苗的选择

点眼免疫适用于新城疫、传支等，用于刺激哈德氏腺，进而诱导肌体产生局部黏膜抗体的疫苗。选择正规厂家出品的合规疫苗，或者有资质的动保中心能够提供疫苗质量检测报告的疫苗。只能是弱毒疫苗，且只能按照规定剂量操作。

2. 鸡只的选择

接受免疫的鸡必须是健康的，最好避开免疫应激阶段。

3. 免疫操作

操作必须按照标准程序进行，确保每只鸡一滴疫苗，免疫剂量均匀。同时防止漏洒、污染环境和疫苗浪费。成鸡点眼免疫时需要助手辅助，同时注意免疫时抓鸡、隔栏会造成鸡应激。

4. 免疫时机

根据当地疫情、母源抗体、疫苗特性进行免疫。肉食鸡一般0~7日龄免疫。

选择的接受免疫的鸡必须是像我这样身体健康的哦！

四、优点

1. 操作安全性高

点眼免疫对操作人员技术要求相对较低，一看就会。

相对注射免疫，点眼免疫不存在针头消毒不彻底和传播病菌的可能，也不存在注射扎伤操作人、鸡脏器的隐患。

2. 免疫效果好

疫苗加入指示剂，免疫后鸡舍蓝染，免疫成功与否效果可见。

接种均匀度高。相对于喷雾、饮水免疫而言，点眼免疫中每只鸡的免疫剂量一致。

五、点眼免疫和滴鼻免疫注意事项

点眼免疫操作中鸡可能眨眼，滴鼻免疫操作时鸡可能不会开合鼻孔，造成免疫操作困难。

操作太快，点眼时疫苗容易从眼睛中流淌到体外，滴鼻时两个鼻孔都可能流淌疫苗，造成免疫剂量不足。

点眼免疫和滴鼻免疫两种免疫方式大家都了解了吧？

第二节 饮水免疫

饮水免疫操作简单、鸡应激小，常用于大群免疫，需要注意免疫过程中疫苗饮用时间和饮用疫苗均匀度的问题。原则是确保每一只鸡都能够饮到足够的疫苗。

一、饮水免疫流程

1. 冲洗水线

在进行饮水免疫前需要先将水线冲洗干净，避免水线内杂质堵塞饮水乳头，并调整至适合鸡群的高度，检查水线乳头出水情况，保证每一只鸡都能够饮用到疫苗。

2. 鸡群限水

免疫前鸡群要进行限水，保证鸡群在短时间内将疫苗溶液饮完。夏秋季节限水2～3小时，冬春季节限水3～4小时。

3. 疫苗及水量计算

疫苗用量按鸡群数量的1.5～3倍量计算。水量按鸡群日龄来计算，如1 000只鸡，20日龄则为20升水，肉食鸡可根据季节增减20%。超过40日龄的鸡群，其兑水量则为全天饮水量的1/5。

4. 疫苗配制

在配制疫苗时，先用小的塑料容器装1/2容积的水，在塑料容器的液面下开启疫苗瓶，缓慢溶解疫苗直至搅拌均匀，然后将疫苗溶液倒入大的容器或加药器中。在疫苗配制过程中，添加一定比例的疫苗保护剂。

5. 疫苗饮用

将疫苗配置好，接入饮水线，排放干净水线内的水和空气，让疫苗流到水线远端直至流出带有颜色的疫苗。

二、注意事项

疫苗应在1～2小时内饮完。

温度最好控制在15～20摄氏度之间。

限水时间以季节而定。高温环境下，限水时间要缩短。

进行饮水免疫的前后48小时禁用一切消毒剂和清洁剂。

溶解疫苗不要用金属容器。

可以将疫苗分2次饮用，以保证所有鸡都能够饮到足够的疫苗。

饮水免疫操作简单、鸡应激小，常用于大群免疫。

饮水免疫有啥好处

第三节　颈皮免疫

该方法常用于小日龄雏鸡的油佐剂疫苗接种，也可以用于药物的注射。

一、操作原则

鸡只不漏免；疫苗不外漏；剂量准确；部位准确。

二、器具准备

准备如下器具：连续注射器、75%酒精棉球、针头（9#、7#）、挡鸡板、疫苗、纸箱、一次性20毫升注射器、排气针头。

三、操作流程

疫苗预温→注射器校准→抓鸡注射→放回。

1. 疫苗预温

提前半天将所需疫苗放入鸡舍，将疫苗预温至室温，也可以用40~45摄氏度温水快速预温至室温。

2. 注射器校准

用一次性注射器作为量筒，将连续注射器调整至所需刻度并锁住，向一次性注射器内连续注射10~20次，然后看注射剂量是否准确。如不准确重新调整注射器刻度，多次校准仍不合适，放弃使用该注射器。

3. 抓鸡注射

（1）注射前先将疫苗摇匀，连接连续注射器皮管，插入放气针头，将疫苗瓶放于安全、利于防疫的地方。

（2）一手抓鸡，拇指、食指将颈部下1/3处的皮捏起（图4-2），另一只手拿注射器使针头以30度角从头部向后进针，刺入颈皮下使疫苗注入皮肤和肌肉之间（图4-3），注完后退出针头。

图4-2　保定手法

图4-3 颈皮免疫注射

（4）每免疫200只鸡后用酒精棉球对针头进行消毒。

（5）每免疫500只鸡更换针头一次。

（6）若疫苗注射到皮外，应重新免疫一次。

（7）全部免疫注射结束后，清洗注射器及针头，灭菌后存放备用。

（8）规范免疫注射，解剖后疫苗应分布如图4-4。

四、注意事项

疫苗使用前一定要进行预温，未经预温的疫苗直接注射会造成应激，疫苗吸收效果差。

注射器要校准，并且在注射操作过程中要定时检查注射器刻度是否有变化。

注意进针角度和进针位置，避免刺破胸腺和神经（图4-5）。

图4-4 疫苗分布

图4-5 进针角度不规范后出血

第四节　消毒

一、人员消毒

进入厂区的人员应按照来访人员管理流程进行来访签到，将随身携带物品放入消毒柜内进行消毒，来访人员经过喷雾消毒后，进行淋浴，更换场区服装与工作鞋方能入场。

具体操作流程见图4-6。

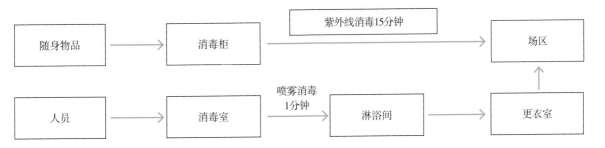

图4-6 人员消毒流程图

二、车辆消毒

需要用高压清洗机对进入厂区的车辆尤其是轮胎进行清洗和消毒。驾驶员尽量保持在驾驶室内部不下车；如必须进行下车作业，则应遵循人员消毒流程进行消毒，驾驶室用75%酒精进行喷雾消毒处理。

必须在大门口用高压清洗机以4~8千克的压力对车顶、车厢体、轮胎、底盘等，从上到下、从前到后，彻底冲洗10~15分钟，确保清洗干净。

清洗后需在原地停留5~10分钟干燥。

干燥后，在原地对车辆从上到下、从前到后，进行喷雾消毒3~5分钟。

对于车厢，需要首先清洗干净，然后在车厢内用甲醛和高锰酸钾（1立方米空间需用20毫升福尔马林、10克高锰酸钾），熏蒸15

分钟，最后打开车厢通风。

车辆进场时，用1分钟时间缓慢通过消毒通道或消毒池，以有效消毒，并可避免消毒液溢出。

三、带鸡消毒

带鸡喷雾消毒可以有效降低鸡舍内的病原微生物含量，达到预防疾病发生和切断疾病传播途径的目的。

选择健康鸡群，在气候温暖的上午或中午进行带鸡喷雾消毒。

消毒剂选择标准：低毒高效、无刺激、无腐蚀、无残留。

消毒剂配置及总量：在水桶中按所需消毒剂浓度及溶液总量进行配置。

消毒剂用量和雾滴颗粒：消毒剂用量30毫升/立方米，喷雾离子直径80～100微米。

喷雾消毒前停止鸡舍风机运转。

喷雾消毒：将配置好的消毒剂装入汽化喷雾器中，启动喷雾器，喷嘴朝空中距离鸡群80厘米高度部位进行喷雾。边走动边喷洒，要喷洒全面、均匀。

鸡舍自带雾线加湿装置的，可以直接采用雾线进行带鸡喷雾消毒。

注意事项：带鸡喷雾消毒结束后，停留15分钟再开风机通风。

四、手消毒

手是比较容易被忽视的传播疾病的一个环节。进入鸡舍的人难免会碰碰这里，摸摸那里。加强手的消毒往往要比鞋子的消毒更重要。

消毒前先清洗手部（图4－7），然后用75%的酒精溶液对手进行喷雾消毒（图4－8），也可以用专用的手部消毒液。

小喷雾可以摆放在鸡舍进门处，方便进入鸡舍的人在进鸡舍和出鸡舍时及时消毒。消毒时，要做到手心、手背、手指都要喷涂搓洗到位。

图4－8 喷雾消毒

图4－7 消毒前洗手

五、物品消毒

凡需带进鸡舍的物品，必须预先进行喷雾、熏蒸消毒。如是无法进行清洗喷雾的，都必须事先经过熏蒸消毒，方可进入鸡舍，如饲料、电器类、工具类、办公用品、其他小件生活用物品等。有些可以冲洗，但又不易冲洗干净的物品，就采取先冲洗后熏蒸的办法，以保证消毒效果。

第五章 环境控制

鸡的心率在300次/分钟以上，体温在41摄氏度左右，呼吸频率为30～50次/分钟，每千克的肉食鸡每分钟至少需要0.0155立方米的新鲜空气。为了保证鸡群健康，取得较好的养殖效益，通风环控是饲养管理过程中最重要的一环。

鸡舍的通风模式可以分为自然通风和机械通风两种。机械通风根据禽舍内外压力的不同又分为正压通风和负压通风。负压通风根据鸡舍内空气流动方向不同分为纵向通风、横向通风和过渡通风。最小通风是根据鸡群最低通风量需求来设计通风的。

养好鸡的前提是要营造一个舒适稳定的环境，温度高了采食量不行，温度低了料肉比又不合适。本章节主要讲解了环境控制相关的一些知识和操作要点，以及在极端天气条件下的常规处置方法。希望能够帮助广大养殖户走出环境控制上的误区。

第一节　通风环控的基本概念

一、最小通风量

为保证鸡群生长发育和基础代谢的需要，即使在寒冷季节也必须为鸡群提供适宜的通风量，提高空气质量和保证氧气充足，并从鸡舍内排出过量的氨气、二氧化碳和水分。尽管保持温度和适当通风之间的矛盾在冬季显得更加突出，但应该明确的是，保证基础通风量是解决这一矛盾的前提。无论鸡舍环境温度有多低、湿度有多大，都必须保证鸡舍基础有效的通风量。这个基础通风量常称为最小通风量。

二、自然通风

自然通风是指不设置专门的通风设备，利用鸡舍内外的温度差、门窗处自然气压差，实现鸡舍内外空气交换的通风换气方式（图5－1）。

三、正压通风

正压通风是人工利用机械动力造成鸡舍外压强小于鸡舍内压强，实现鸡舍内外空气交换的通风换气方式。常用在实验室、SPF鸡养殖环节，一般选择把空气处理后吹入鸡舍。

四、负压通风

负压通风是人工利用机械动力造成鸡舍外压强大于鸡舍内压强，实现鸡舍内外空气交换的通风换气方式。

五、横向通风

水平切面为长方形的鸡舍，空气从鸡舍1条或2条长边侧墙安装的进风小窗进入鸡舍，从另一条长边侧墙的风机排出鸡舍，这种鸡舍内外气体交换的通风换气模式称为横向通风（图5－2）。

图5－2　横向通风

图5－1　自然通风

横向通风常在寒冷季节或者育雏期间使用，能产生最低的风速，平衡鸡舍环境，但是对鸡舍间距要求较大，同时存在天气变化更换通风模式时，对鸡群产生应激的隐患。

六、纵向通风

纵向通风又称隧道通风。水平切面为长方形的鸡舍，空气从一条短边侧墙（山墙）的湿帘窗或者远离鸡舍风机的侧墙湿帘窗进入鸡舍，从另一条短边侧墙（山墙）的风机处排出鸡舍，这种鸡舍内外气体交换的通风换气模式称为纵向通风。

纵向通风常在炎热季节或者育肥期间使用，能产生较大风速，给鸡群带来风冷效应，常配合湿帘使用。

七、过渡通风

过渡通风是介于横向通风和纵向通风模式之间的一种通风换气模式。

过渡通风是目前最常见的一种通风换气模式，设计简单，操作简便，但是常会产生鸡舍内纵向的温度、湿度、空气质量的差异，在生产过程中应注意扬长避短。

我们很挑剔哦，温度高了采食量不行，温度低了料比又不合适。只有在温度稳定且适宜的环境中，我们才能健康成长。

第二节 负压与养鸡

大气压是什么？

大气压就是作用在单位面积上的空气压力。早在400多年前，托里拆利就用水银测量出大气压；马德堡半球实验也已经向世人展示其威力。

一个标准大气压＝760毫米汞柱≈$1.013×10^5$帕

那么，负压又是什么？

简单地说，"负压"是低于常压（即一个大气压）的气体压力状态。这种状态和养鸡有什么关系呢？

一、用负压检测鸡舍气密性

密闭良好的鸡舍，开启排风扇后，鸡舍内外会产生气压差，这个气压差就是负压。没有空气流动时，负压的特点是静态负压。舍内各个点压强一致，即前、中、后区域负压大小一致。

密闭良好的鸡舍，打开一个排风扇能产生30帕以上的负压，有些设备厂家宣称其风机能产生40帕以上的负压。静态负压是衡量一个鸡舍密闭性能的重要指标（图5-3）。

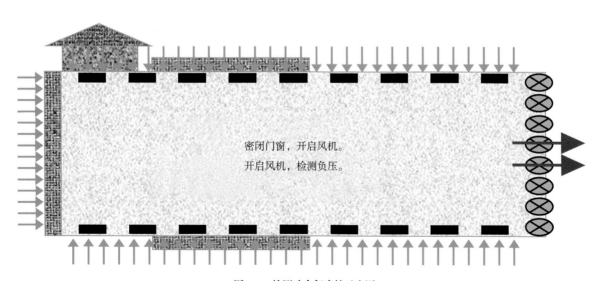

密闭门窗，开启风机。

开启风机，检测负压。

图5-3 检测鸡舍气密性示意图

二、负压可指导环境控制管理

有空气流动时，负压与空气流动速度密切相关。我们可以在鸡舍屋顶悬挂轻薄的磁条，通过观察进风时磁条摆动幅度，感知负压和风速大小（图5-4）。

四、负压影响通风均匀度

鸡舍动态负压低于10帕，鸡舍通风小窗进风在鸡舍前、中、后区域的风速极易出现较大差异，且易出现通风短路等现象（图5-6）。

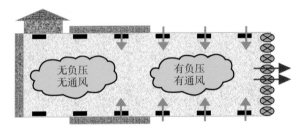

图5-6 负压不合理通风示意图

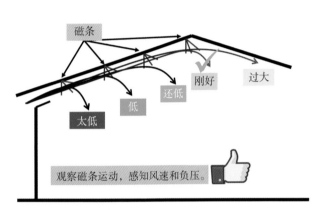

图5-4 冷风运动轨迹示意图

鸡舍动态负压大于20帕时，鸡舍通风小窗进风在鸡舍前、中、后区域的风速差异小，是重要的通风参数指标（图5-7）。

三、负压与冷风落点相关

负压与通风小窗风速密切相关，而风速又影响冷风落点。负压太低时，侧墙附近湿度容易高；负压偏高时，鸡舍中间湿度高。垫料的湿度是冷风落点的一面镜子。对于地面平养鸡舍，检查地面也可得知负压是否合适（图5-5）。

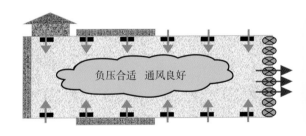

图5-7 负压合理通风示意图

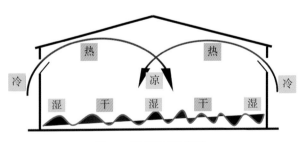

图5-5 冷风落点示意图

第三节　小窗位置高低与环境控制

鸡舍负压与鸡舍通风小窗设计密切关联。通风小窗是养鸡必备的通风设备。很多肉鸡养殖户，常无法把握通风小窗安装的位置，出现如图5-8所示苦恼。

图5-8　通风小窗安装位置

通风小窗的安装位置高低，常受到以下因素影响。

一、鸡舍宽度（跨度）

鸡舍宽度越宽，新鲜空气吹到鸡舍中间难度越大，越容易中途降落；因此，需要负压更高，风速更大，一般需要将进风窗安装位置高一点。

二、屋顶形状

尖顶鸡舍一般屋顶平直，冷风吹到屋顶后折射下来吹到鸡的可能性较小。圆顶鸡舍，屋顶存在一定弧度，小窗安装位置如果过高，可能存在冷风吹到屋顶折射下来吹到鸡的问题，应当注意安装位置，调整排风角度。

三、屋顶横梁等布局情况

如果存在较粗的横梁，则容易产生冷风折射点，小窗应该低点安装；鸡舍内屋顶平缓，无凸起，不存在冷风折射点，小窗可以适当安装高点。

四、鸡舍环境控制设备

如果鸡舍密闭良好，采用带变频风机的环境控制仪自动调整风机转速，通风换气过程不存在风机停转、冷风扑鸡隐患，小窗位置安装高点或低点均可。如果采用普通环境控制仪，主要通过定时钟实现通风换气，风机停转时，风门处在开启状态，冷风沿小窗流入鸡舍，冷风扑鸡隐患大，建议将小窗安装位置高点。

第四节　最小通风

一、通风的目的

保证鸡舍内充足的氧气含量（>19.6%）。

排走鸡身上过多的热量。

平衡鸡舍环境，使舍内温度、湿度和空气质量均匀。

排出湿气，减少舍内灰尘。

减少舍内有害气体的产生，如氨气（不同浓度的氨气具有不同的危害见表5-1）、二氧化碳、硫化氢等。

横向最小通风的要求见图5-9。

二、鸡自身散热，排出水分

鸡在生长过程中，吃料、喝水的同时，要散发热量和排出水分。

鸡自身产热量和产湿量：每千克体重每小时产热2 500卡；鸡饮水量的80%要排出体外（水料比1.8~2.5）。

10 000只体重3.5千克的鸡24小时散热量为2.1×10^9卡；耗料量为150克/只；饮水量是料量的2倍，即24小时饮水量为3 000升，排出水分2 400升。

表5-1　不同浓度氨气的危害表

标准	体积分数小于10×10^{-6}
人类能够感觉	体积分数大于5×10^{-6}
纤毛停止运动/呼吸道损伤	体积分数为20×10^{-6}（3分钟）
体重/饲料转化降低	体积分数为$25 \times 10^{-6} \sim 51 \times 10^{-6}$
损伤眼睛/饿死/脱水	体积分数为$40 \times 10^{-6} \sim 102 \times 10^{-6}$（12小时）

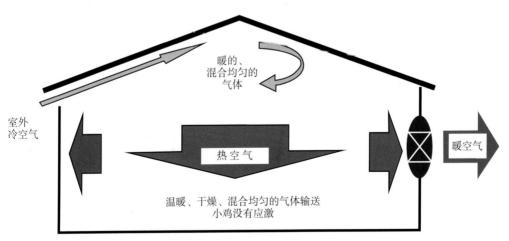

图5-9　横向最小通风要求

三、通风是如何带走湿气

通风过程中带走湿气的原理，见图5-10。

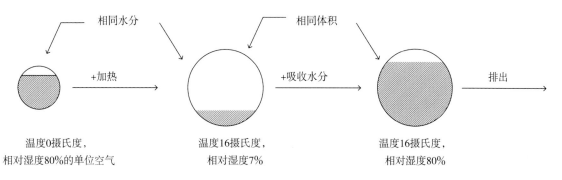

图5-10　通风带走湿气原理图

四、最小通风管理

育雏期间，合理的通风下，环境舒适，鸡休息状态自然，侧卧式、平趴式、伸腿式等休息状态尽收眼底（图5-11）。

图5-12　探查鸡的嗉囊

肉鸡在30日龄后，采食量很大，排泄物很多，鸡舍（图5-13）一般不需要加湿。如果最小通风设计合理，鸡舍环境会非常适宜；如果通风过大可能湿度会降低，鸡舍遍布灰尘；如果通风过小，鸡舍内可能湿度过大，稻壳板结、霉变。

图5-11　合理通风下雏鸡状态

探查鸡的嗉囊（图5-12）：如果鸡舍环境舒适，嗉囊内饲料饱含水分，会呈现"面团感"；如果环境太冷，小鸡一般不会饮水，嗉囊内饲料没有水分会呈现"干硬感"；如果鸡舍内环境太热，鸡群会大量饮水，嗉囊常呈现"水袋感"。舒适的环境，开食开饮12小时后嗉囊呈现"面团感"的雏鸡可达90%以上，24小时后可达98%以上。

图5-13　合理通风下成鸡状态

五、变频风机与时控风机的区别

变频风机能给鸡舍提供持续的新鲜空气，但是排风量小、负压小、产生风速低，容易造成进风口进风量不均匀，还有冷风直接吹鸡的隐患。

时控风机不能给鸡舍提供持续的新鲜空气，但是瞬时通风量大、负压大、产生风速相对高，进风口进风量均匀，冷风吹鸡的隐患小。但风扇不转时，风门处若不能及时关闭，仍有不可控冷风进入鸡舍。

六、冬天通风操作基本规律

鸡舍没有漏风。

鸡舍保温性能好，防止热量散失（绝缘性好）。

根据鸡的日龄和体重设定风扇工作的时间。

随鸡日龄的增长，增加排风扇工作的时间。

根据温度设定，当纵向通风停止工作时，立即使用最小通风。

最少通风系统工作时，舍外冷风应从鸡的上方

进入舍内，并提供足够的风速（3.5米/秒以上）。舍外冷风在接触到鸡之前，要与舍内暖空气充分混合。

鸡舍内负压最小10~20帕。

最少同时使用2个排风扇。

地面潮湿和氨气多时，要增加通风量（增加定时钟工作的时间）。

如果通风量增加后，地面仍潮湿，应适当增加舍内供暖。

如果舍内灰尘多、干燥，应减少通风量。

如果舍内温度高，应检查纵向通风设定是否正确。

在整个饲养过程中，要不断地重新调整进风窗系统，检查排风扇和报警系统。

七、最小通风使用条件

最小通风适用于天气比较冷及舍外温度低于15摄氏度时。此时，要避免舍外冷空气直接吹到鸡身上；鸡舍通风由纵向通风改为横向通风或过渡通风，降低舍内空气的流动量。

示例：鸡舍长120米，宽12米；50英寸扇8个，风扇排风量600立方米/分钟，效率80%；侧墙进风小窗50个（外径：60厘米×32厘米；内径：54厘米×25厘米）；通风量要求0.008立方米/（分钟·千克）；舍内有鸡15 000只，均重2千克；为产生4米/秒风速，一般要求100立方米/分钟的排风量，需要0.5平方米进风口。

八、计算风扇工作时间

1. 计算需要通风量

通风量（立方米/分钟）=平均体重（千克）×鸡数×最小通风量［立方米/（分钟·千克）］

例如，所需通风量=2.0×15 000×0.008=240立方米/分钟。

2. 风扇数量

舍内需要通风240（立方米/分钟），计算开启风扇的百分比。

例如，使用2个50英寸的风扇,开启风扇的百分比=240/（600×2×0.8）×100%=25%。

3. 定时钟设定

定时钟设定为5分钟一个循环。5分钟内排风扇的工作时间=25%×5=1.25（分钟），即1分15秒。

可以设定2个风扇同时开启1分15秒，关闭3分45秒；或者1个风扇，开启2分30秒，关闭2分30秒。

4. 小窗开启宽度计算

所需进风面积=排风量×排风效率/100×0.5=600×2×0.8/100×0.5=4.8（平方米）。

进风口数量50个，每个宽0.54米，侧墙进风小窗开启大小=4.8/50/0.54=0.18（米）。

即2个风扇同时开启需要18厘米进风口，1个风扇开启需要9厘米进风口。

九、注意事项

育雏期时，通风系数可以做到0.012立方米/（分钟·千克）。十分冷的冬天，鸡舍环境好的状况下，夜间可调整为0.006立方米/（分钟·千克）；白天调整为0.010立方米/（分钟·千克）。一般建议把通风系数稳定在0.008立方米/（分钟·千克）为好。可用排风扇遮挡板来实现通风系数的调整。

根据鸡群被毛情况、是种鸡还是肉鸡、天气刮风情况等因素适度调整通风量。

要考虑鸡舍排风扇工作效率及鸡舍密闭情况。

排风扇工作效率可以用风速乘以截面积获得。

空气清新，心情愉悦！

第五节　湿帘降温与纵向通风

　　湿帘（图5-14）是指用多孔湿帘纸配合负压风机对密闭空间进行环境调控的系统，可用于畜牧养殖、温室种植、工业生产等，有降温、增湿、过滤三大功能。

图5-14　湿帘

一、为何装湿帘

　　鸡体温为41摄氏度，育雏阶段理想温度为33～35摄氏度，育肥阶段理想温度为18～22摄氏度。

　　23摄氏度时，鸡体热的生成量最低，耗用在生成体热的能量处于最经济状态。

　　环境温度范围一般要求在19～27摄氏度。当环境温度超过等热区的上限临界温度时，鸡产热大于散热，不易维持热平衡，会出现热应激。

　　当环境温度达到37.8摄氏度时，鸡有发生昏厥的危险；超过40摄氏度时，会陆续死亡。

　　鸡的散热模式主要是通过呼吸和辐射向四周空气散热。据研究，温度21摄氏度、湿度50%、无风状态下，2.2千克鸡1小时向空气中辐射散热7瓦，呼吸散热17瓦。当气温达到29～30摄氏度时，体热不能散出，体温上升，鸡体表面散热显著减少，鸡会通过气喘试图散热，从而导致进食减少、增重速率下降，最终导致养殖效益下降。

二、湿帘降温系统组成

1. 湿帘纸

湿帘纸见图5－15。

厚度：10～20厘米，常用15厘米。

吸水率：60～70毫升/分钟。

波纹：60°×30°交错对置、45°×45°交错对置。

波高：5毫米、7毫米和9毫米3种。

强度高、不变形。

颜色：黑色。

2. 通风系统

密闭鸡舍：保证空气按照规划的通风路径流动。

风机：提供空气运动的动力。

图5－15　湿帘纸

三、湿帘降温原理

1. 水蒸发的特点

水的汽化热跟温度有关，温度越高，汽化热越小。水的蒸发热较大，1克水在37摄氏度时，完全蒸发需要吸收574卡热量。

液体转变为气体体积约扩大1 000倍，一般需要吸收大量的热量。

备注：卡路里（简称"卡"）的定义为将1克水在1个标准大气压下提升1摄氏度所需要的热量。

2. 水蒸发的规律

溶解热：1克冰变成1克水需要吸收80卡热量。

比热容：1克水温度升高1摄氏度，需要吸收1卡热量。

汽化热：1克水变成水蒸气，需要吸收574卡热量。

水3种形变热量，见图5－16。

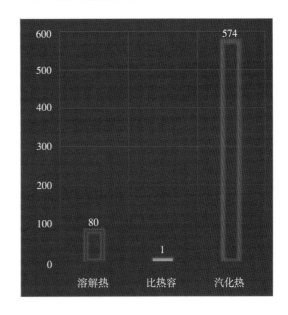

图5－16　水3种形变热量

3. 水蒸发的特点

水蒸发有如下特点。

面积越大，蒸发越快。

温度越高，蒸发越快。

湿度越低，蒸发越快。

四、影响湿帘降温效果的因素

过帘风速：研究发现，常见15厘米厚的湿帘，在2米/秒风速下，能取得最大降温效能。

舍外湿度：根据水蒸发的特点，可以得知，户外相对湿度越低，湿帘降温效果越好。当湿度超过80%，不再建议使用湿帘。

湿帘厚度：湿帘纸越厚，空气与湿帘纸接触越充分，水蒸发效果越好，降温效果也就越好。

湿帘面积：湿帘面积与养殖量、鸡舍面积和当地气候密切相关。同等厚度、同等过帘风速，湿帘面积越大，鸡舍降温效果越好。

湿帘质量：湿帘纸的吸湿性等指标也影响降温效果。

五、湿帘缓冲间的四大用途

缓冲湿气：防止未完全汽化的水进入鸡舍，打湿鸡。

调节风速：湿帘后的通风窗可以安装卷帘，通过改变卷帘面积改变进风面积，进而改变风速，以获得合理的入舍风速。

调整风向：湿帘后的通风窗可以设计成翻板窗，通过改变翻板开合角度可以调整入舍风向，防止冷风扑鸡。

储物间：湿帘在我国北方地区应用时长一般为2个月。湿帘停用时，可以临时存放清洁后的养殖器具。

湿帘缓冲间如图5-17所示。

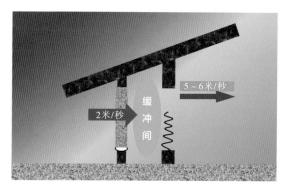

图5-17　湿帘缓冲间

六、湿帘正确应用

1. 信息掌握

查看24小时天气预报，掌握温度、湿度高低及变化规律。

明确鸡群需求，根据鸡群体重、健康状况，明确温湿度需求。

掌握湿帘、风机、环控仪规格型号及工作效能等。

2. 控制湿帘五大参数

日龄：整个饲养周期内，明确哪些日龄使用湿帘，哪些日龄不使用湿帘。

时间：一天内，明确哪些时间段开启湿帘，以什么样的加水幅度和频率工作。

时长：明确不同工作模式下，加水时长与干燥时长。

温度：明确湿帘加水起始温度和截止温度。

湿度：明确湿帘加水起始湿度和截止湿度。

3. 正确使用湿帘

（1）间歇模式：相对湿度不大于50%时，鸡舍温度会骤降5摄氏度以上，严重情况下可能会降低8~10摄氏度。必须进入间歇少量给水模式，以把鸡舍内温度波动控制在3摄氏度以内。否则，湿帘长时间大量加水，给鸡造成冷应激，容易激发疾病。

（2）干湿模式：相对湿度大于60%且小于80%时，如果湿帘上常有流水，大量的水会形成水膜阻塞通风，蒸发效果差，建议水泵进入"开-关"控制模式，达到湿帘纸湿透、半湿、微干不断循环的状态。

（3）风冷模式：相对湿度不小于80%，水的蒸发效果很差，建议不再上水浸湿湿帘。有资料说相对湿度不小于80%，用从地下刚刚抽取

的冷水直接浸润湿帘，称之为"水冷降温模式"。殊不知这种情况下，降低温度有限，增加湿度明显，鸡舍内环境会更差。

七、湿帘应用常见误区

井水温度低，降温效果好。

湿帘持续加大量水，降温效果好。

多用湿帘，少用排风扇，能省电。

高湿度天气使用湿帘。

使用湿帘时，门窗紧闭效果好。

湿帘非使用季节不注意保养。

湿帘面积不够。

鸡舍风机不够。

湿帘用水水质太差。

温度太低或太高时使用湿帘。

时使用湿帘。

湿帘只使用一种模式。

第六节 极端天气管理

极端天气通常是指外界温度超过33摄氏度，环境相对湿度达到80%以上。近些年来，随着全球气候变暖，极端天气出现得越来越频繁。每到此时，湿帘水分蒸发已经无法带走热量，反而会进一步增加鸡舍内的空气湿度。此时，采用湿帘无法进行有效降温，鸡极易发生热应激死亡。

常用的操作方法有以下3种。

常用方法1：鸡舍屋顶加装喷淋装置，给屋顶降温。

常用方法2：直接给鸡"洗个冷水澡"，通过对鸡群喷水的方式来降低肉鸡的体感温度。

常用方法3：用塑料布或者木板遮挡鸡舍屋顶人字架处，增加鸡舍纵向风速，达到降温的目的。

随着全球气候变暖，极端天气出现得越来越频繁。

第七节　肉鸡鸡舍通风设计示例

一、肉鸡鸡舍通风设计参数

鸡舍横截面纵向最大风速为2.5米/秒。

湿帘过帘风速为2米/秒。

风机额定通风能力为700立方米/分钟。

侧墙进风小窗满足40%～50%风机通风量需求。

湿帘、风机、进风口留有一定余量。

二、示例鸡舍

鸡舍长90米、宽16米、均高4米，笼养白羽肉鸡规模36 000只。

横截面积=16×4=64（平方米）

1. 排风扇

最大通风量

=64×2.5×60=9 600（立方米/分钟）

排风扇需求=9 600/700=13.8（个）

注：考虑风机负压下效率降低、设置备用风机等因素，建议安装风机16台。

2. 湿帘

湿帘面积=16×700/60/2=94（平方米）

注：净有效面积为94平方米，考虑常用湿帘外径测量模式，有效面积约为建筑面积的80%。同时，考虑湿帘多年使用后，湿帘纸松软、膨胀、通风效率降低，建议安装120平方米湿帘。

建议：山墙安装湿帘区域高2.5米、长16米，约40平方米；两侧墙远离山墙湿帘30米处，各安装高2米、长20米湿帘1个。

3. 侧墙进风小窗

常见最大有效进风规格为长56厘米，高26厘米。按照匹配7台风机，进风风速5米/秒计算：

侧墙进风小窗总面积=7×700/60/5=16.4（平方米）

侧墙进风小窗个数=16.4/0.56/0.26=113（个）

建议：共安装114个侧墙进风小窗，其中两侧山墙各安装8个，两侧边墙各安装45个，间距2米；不足部分用湿帘后翻板窗代替。

第六章 设备维护

古语云："兵马未动，粮草先行。"有好的水料供给才能获得好的生产成绩。本章主要讲解水线、料线的维护管理。"家有万贯，带毛的不算"，一旦风机出了问题，只需要几个小时，就有可能"全鸡覆没"。因此，风机的保养与维护是必不可少的。水火无情，需要防患未然，安全隐患排查工作更是不可或缺的。

第一节 水线维护管理

水是生命之源、健康之本，是最基本、最重要的营养素。饮水量和水质直接关系鸡的健康。

（1）一般情况下肉鸡的水料比是1.6～2:1。

（2）鸡饮水量的80%要排出体外。例如，10 000只鸡采食40吨饲料，饮用80吨水，排出64吨水。

（3）所有营养物质溶解在水中才能被机体吸收，所有的毒素只有溶解在水中才能排出体外。

（4）疫苗、药品、饲料、空气与机体交互作用的过程都需要水的参与。

一、水线管理常见问题

肉鸡饮水管理常见失误有检查不细、监测缺失和管理疏忽。

二、饮水系统布局注意事项

水线管接头，建议选择O形管夹，要求能耐受0.2～0.3兆帕的水压，能保证足够的压力冲洗水线。

乳头饮水器：肉鸡乳头饮水器间距一般要求20～30厘米，出水量在20～100毫升/分钟，根据不同生长阶段可调整出水量。

供水压力在0.2～0.3兆帕为宜，能使用变频供水泵，稳定供水压力最好。

三、饮水系统保养与维护

水线必须有过滤器，且要保证滤芯清洁，必要时每批鸡换一次滤芯。

水线的规范安装：水线平直，乳头垂直向下。

四、水线常用清理方法

1. 浸泡法

利用专业的水管浸泡化学制品，浸泡后用清水冲洗干净即可。

2. 海绵球擦洗

将大小合适的海绵球塞入水线管内。连通水管后，海绵球会在水线管内滚动，擦洗干净水线。

注意：水线管有三叉接头、粗变细接头、海绵球过大、过多，乳头深入水线管截面太深，水压过低，都可能造成海绵球淤积在水线管内。

3. 毛刷擦洗

使用时，先将玻璃钢线（图6-1）穿过水线管，固定好毛刷（图6-2），最后拉出，玻璃钢线和毛刷组合体（图6-3）会将水线管内壁擦洗干净。

图6-1 玻璃钢线

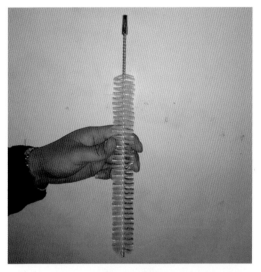

图6-2 毛刷

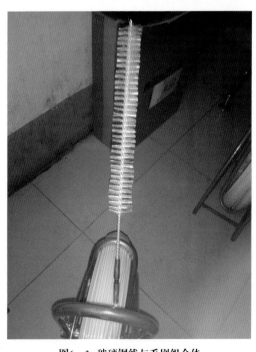

图6-3 玻璃钢线与毛刷组合体

五、饮水系统管理

1. 水源管理

水井出水量足。

水井水质优良。

妥善管理水源地，防止污水、粪便、病死畜禽污染水源。

2. 水质净化

水质净化需要沉淀、过滤、消毒、去离子等步骤（图6-4）。

3. 做好饲养管理

保障畜禽健康，少用动保产品。

选择水溶性好的优质产品，减少饮水给药。

定期水线冲洗，选择合理的水线清洗模式。

4. 定期监测

定期监测包括出水量监测、微生物检测、硬度检测、浊度检测等。

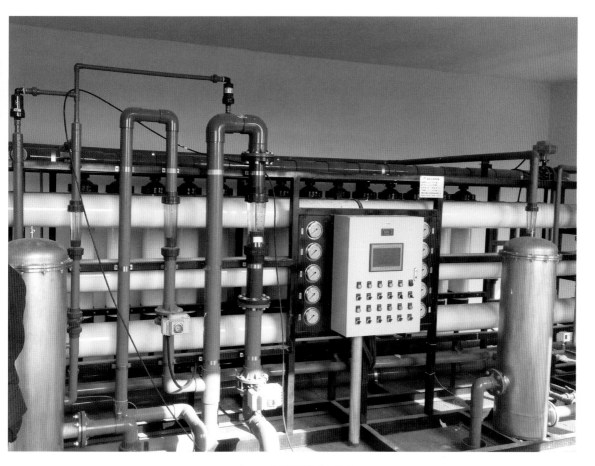

图6-4 反渗透膜净水设备

第二节　料线的管理

　　料线是养鸡生产中不可或缺的饲养设备之一，随着养殖种类、代次、经济用途和饲养模式的不同而有所变化。料线的类别、型号、规格较多，自动化程度、产品质量、使用效果等也千差万别，因此在购买和使用过程中应区别对待。

　　本章中，将机械化的养鸡喂料设备（喂料机、料线、料车等）统称为料线。平养或网养时，常见的料线有塞盘式、绞龙式（图6-5）、链板式等。笼养时，常用的料线有绞龙式（图6-6）、跨列式（图6-7）、行车式（图6-8）等。在料线设计中，应遵循一些基本原则，确保生产高效有序运行。

图6-5　平养绞龙式料线

图6-6　笼养绞龙式料线

图6-7　笼养跨列式料线

图6-8　笼养行车式料线

一、料线的作用

料线的主要功能是帮助人们把料斗（塔）中的饲料输送到每个料盘或均匀地输送到料槽中，保证鸡只的采食，并通过料位传感器，自动控制电机的输送启闭，实现自动化喂料、匀料等。

二、料线的优点

料线具有如下优点。

（1）自动化程度高,效率高。

（2）喂料精准。

（3）喂料速度快且喂料均匀。

（4）劳动强度大大降低。

（5）省时，省力，可减少劳动用工。

三、常见的喂料设备

常见的喂料设备有手扶式喂料机（图6－9）、弹簧式喂料机、行车式喂料机等。

图6－9　手扶式喂料机

四、料线的组成

绞龙式料线主要有驱动装置、料斗（图6－10）、输料管（图6－11）、绞龙（图6－12）、料盘、悬挂升降装置、防栖装置和料位传感器（图6－13）、塞盘式喂料装置等组成。

链板式肉鸡料线（图6－14）主要由饲料箱、驱动器、链片、长食槽、转角轮、清洗器和一组吊挂或撑持设备组成。

笼养供料系统由储料塔（图6－15）链板式肉鸡料线、绞龙、驱动机构、喂料车、料箱、输料管、落料口和匀料器组件（图6－16）等组成。

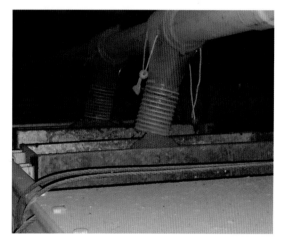

图6－10　料斗

图6－11　输料管

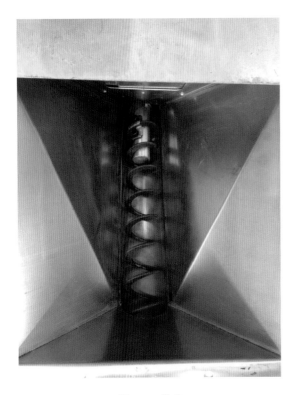

图6-12 绞龙

图6-14 链板式肉鸡料线

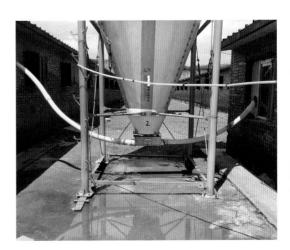

图6-15 储料塔

图6-13 料位传感器

图6-16 匀料器组件

五、选用喂料设备应遵循的原则

输料快：平养鸡舍中饲料要在3~5分钟内送达鸡舍末端；笼养中输料应在30分钟内结束。

噪音低，动力强劲，节能，材质好。

有足够容量的料箱、料斗，容易操作，升降方便。

行进中，有调速装置、故障锁止装置，粉化率低，下料速度快。

各类料线均须有足够料位，保证鸡采食。

料量计量系统要准确，料位器便于调节。

机械系统安全可靠，所有配件易于拆卸、方便调配。

六、使用过程中应注意的问题

以肉鸡H型笼的龙门喂料机（图6-17）为例介绍如下。

操作前准备工作：工作人员必须整好衣、袖等，留长发者必须将长发盘入工作帽内。操作前必须检查喂料机运行轨道上是否有异物附着；如有，必须先清理后再操作。操作前必须检查喂料机上方、两侧（整个行程上）是否有障碍物存在，如有，需先移走再执行操作。

喂料：首次运行先空载运行3~5分钟，观察电机运转方向，防止电机倒转损坏电机和软绞龙。运行过程中，观察料管有无振动或异响。如有异常，立即停止。

保证料塔内饲料足够，运行龙门喂料机至输料管下方，观察所有落料口下料是否正常。下料过程中如有振动、异响或其他异常应立即停止。

龙门喂料机行走过程中，操作人员须同行，随时观察喂料机运行状况。如遇紧急情况，必须立即停止。禁止操作人员在设备前方倒退行走。

龙门喂料机运行过程中，操作人员必须时刻注意机械传动以及脚下安全。运行过程中，禁止攀爬喂料机，禁止将脚伸到护板内部，禁止触碰链条、链轮、传动轴、行走轮、电机等传动结构。

图6-17　龙门喂料机

七、日常生产过程中料线的维护

清理鸡舍前，应先把喂料机里的饲料放出：打开输料管开关，在输料管下面放置饲料袋或手推料车，关闭下料口处插板让其转动，输料管中的饲料转完后关掉开关。

料车各部位螺栓要定期检查，特别是固定料斗和轴轮处的螺栓，发现松动应及时加以紧固，避免造成不必要的损失。

料车行走轮轴要每月加1次润滑脂，使用普通黄油即可。

在调节料斗高度时，注意前后左右的间距，保证与水平线垂直、与鸡笼纵轴平行，确保料斗不碰到鸡笼隔网挂钩和食槽。必须把料斗下料口调整到食槽中心位置。

减速机每6个月更换1次减速机油。若工作中出现减速机过热，要及时补充润滑脂（采用0#、00#摆线减速机润滑脂）。

各部位链条链轮定期加润滑油，转交轮要定期加油（一般以10天为一周期），电机机油要根据使用频率定期加油。

对于链式喂料系统，料线使用一段时间后，观察链条的松紧度，如果过松需要剪掉一段。任何时候都严禁料线反转。

八、机械喂料的注意事项

饲料输送到料桶或料盘后，在鸡舍里的停留时间尽量不超过6小时，以减少饲料在空气中的暴露时间（以此调整下料口调节板）。

料槽安装应基本平顺，接头处平坦。日常工作中，不定期检查，以免加料车加料时影响加料效果。

作为肉鸡，原则上是实行自由采食，但综合考虑，建议每天净槽一次。喂料前半小时运行输料开关，装满料斗，不宜提早下料，防止饲料吸潮和污染。要注意做好喂料设备的清理工作，避免灰尘、料面等影响设备使用。

定时启动喂料机，每日用平料器来回匀料3~4次，或人工匀料数次。

加料车如果使用地面轨道，则要求轨道始终固定在鸡舍内的人行道的中间，不得出现移位或偏离中线现象，使料车两侧面到食槽的距离保持等距。

经常检查料位传感器是否正常工作。使用时，应保持喂料机齿轮和链条等部件之间的润滑，避免部件磨损。

第三节 料塔清理维护

　　料塔（图6-18）是养殖场存储饲料主要容器之一，更是机械喂料系统的主要组成部分。为了保障养殖生产的正常进行，防止出现人为断料，必须对料塔进行定期清理和维护。不仅如此，料塔在经过一定时间的使用后，由于各种原因导致仓内壁和输送管道上常粘有板结的饲料，甚至会发生饲料霉变、虫蛀等现象。另外，塔仓底部的出料口（图6-19）常常发生堵塞，也需要定期清理。轴承、蛟龙等也需要定期维护。

图6-18 料塔全貌

图6-19 塔仓底部的出料口

一、准备工作

1. 物品准备

料塔清理前需要准备如下物品：高压清洗机、检测仪器仪表、扫帚、铁簸箕、手电或头灯、水管、水桶、扳手、钳子、螺丝刀、锂基脂、接地线、绝缘手套，高空作业安全缆绳或保险带、一根3米长左右的木棍等。

2. 人员安排

料塔清理需要3人，一人协助，一人负责清理，另外一人负责安全工作。

3. 清理前检查塔内剩余料量

清理维护前，先检查或确认料塔内剩余饲料量。塔内余料少于40千克，即可准备放料清理。确认塔内供料完毕后，将塔内的各管路、阀门等关闭，切断与塔相关联的管路，倒空物料并加堵盲板，再拆解相关部件进行维护保养。

二、具体操作

将料塔下端主料线末端的应急出料口打开，用准备好的木棍轻轻敲打料塔的塔身，敲打方向沿顺时针方向，保证塔身每处都能敲到。

把梯子呈30度角放置斜倚到料塔上，一人用手扶住梯了，操作人员上梯了检查料塔塔身，用板子轻轻敲打，判定料塔是否有破损，并用扳手验证每一个螺丝是否松动。

清理料塔下方的应急出料口，用准备好的螺丝刀轻轻把掉下的剩料抠出，并装到准备好的料袋内或车子上。

如果料塔需要清洗，则将配置好的消毒液放置到水桶里，安装好冲洗机，做好调试和准备工作，等待冲洗。

操作人员顺着料塔梯子爬到料塔上，用安全带绑系到料塔上并检查牢固性。操作人员打开头灯，开启料塔盖子检查料塔内状况。如果料塔需要冲洗，则由辅助人员把冲洗机枪头递到料塔上的操作人手中。一切准备妥当，辅助人员开启冲洗机，顺时针清洗料塔内部，冲洗料塔周身和内壁。在冲洗的同时，料塔下方人员用螺丝刀顺着流淌出来的脏水把大块饲料或杂质清理出来，直到流淌出来的水清澈为止（图6-20）。

图6-20 料塔冲洗时收集污水

从主料线上口用冲洗机冲洗主料线（图6-21），直到料塔下端应急出料口流出的水清澈为止。

组装：对检修后仍可使用的零部件，应清除其表面油污、污料、铁锈等杂物。对损坏的零部件应进行更换安装（图6-22）。用扳手把安装维护完成的螺旋输送机应急出料口封闭；最后再一次检验清理维护好的料塔是否可以正常运转。

图6-21 主料线

图6-22 损坏部位维修

第四节 风机保养维护

一、保养流程

保养流程如下：清洁→检查→紧固→保养→更换→调试。

1. 清洁

关闭风机电源，由专人负责电源开启。先将内部风机罩和风机网上的灰尘和羽毛清扫干净，然后将风机外面风机百叶上面灰尘清理干净。

2. 检查

排风扇百叶窗：要求叶片齐全，开启灵活，关闭严密，不变形、不积灰，能自动打开装置，完好无损，滑动自如，不缺油。每周清扫，维护保养。

排风扇：叶片不变形、不积灰，固定部分牢固，轴承平行、同心、不缺油、无杂音、不积灰。每周清理维护保养1次，运行中不震动。

电机：固定牢固，转动平稳，轴承无杂音，不缺油，转子不扫膛。外壳不积灰，接线牢固，不虚接，零线、接地线要完善。每周维护保养清理1次。

传动部分：检查电机皮带轮、风机皮带轮、端面是否平行。要求皮带松紧适中，不变形、无裂纹。若皮带磨损，视具体情况及时更换，更换时调整平行度和松紧度。皮带轮磨损严重时及时更换，孔、轴及键与键槽配合紧密，顶螺丝固定牢固。每周调节新更换的风机皮带松紧度1次。

3. 紧固

使用过的风机经过电机共振后，应对电机接线柱、电机螺丝、皮带轮连接部位、扇叶、扇叶轮、风机皮带进行紧固，皮带紧固程度以手指按压中部下降15～20毫米为宜。

4. 保养

对风机电机轴承，风机轮轴承，扇叶轮进行加注润滑脂，加注量1.3～1.8克。

5. 更换

对磨损老化的皮带、转动不灵活的轴承、疲劳的风扇叶片进行更换。

6. 调试

对紧固的皮带、保养轴承后的风机进行试车，检测其实际运转效果，检测正常后使用。新更换皮带的电机前两天进行紧张度调试，之后每周进行检查调试。

第五节　安全隐患

一、防雷

养殖场中最容易遭受雷电干扰的就是电器设备（图6－23）。电脑中控可以感应雷电而受损，鸡舍周围不要种植高大的树木，烟囱的拉线也不要接触鸡舍电路（图6－24）。

二、防火

火灾常常由锅炉引起或者由电路短路引燃易燃物引起，在鸡舍内使用小型供暖设备时应注意远离易燃物。

三、防电路短路

电路短路引起的最大危害是风机停止工作，导致鸡舍内部温度迅速上升，鸡群中暑死亡，造成损失。需要定期检查各个接线点螺丝有无松动和破损，有则及时紧固或更换。

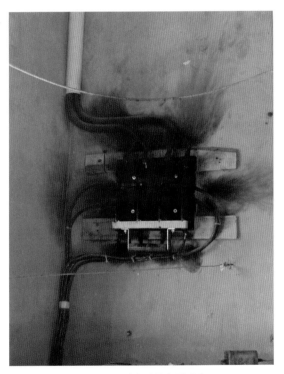

图6－23　雷击后的电源开关

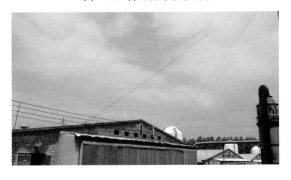

图6－24　烟囱拉线靠近鸡舍

第六节 养鸡场发电机使用保养

因为冬季气温低、冬季机油和柴油标号不符合季节需要、发电机长时间没有启用、电瓶亏电等各种原因导致发电机（图6-25）不能正常启动、不能正常发电的事故，在养殖场此起彼伏，一幕幕"机毁鸡亡"的惨剧不断上演。

全密闭鸡舍的集约化肉鸡养殖对供电设备提出了极高的要求，发电机是养殖场的关键设备。如何使用和保养发电机组是养殖场的重中之重。现将养殖场常用的12V-135A-ZD型柴油发电机的使用保养环节总结如下，希望能对广大养殖朋友有所帮助。

图6-25 养鸡场发电机

一、柴油机起动前的检查工作

检查柴油机的柴油、机油、冷却液是否按要求添加，标号是否与季节、天气、柴油机机型要求匹配。

检查发电机配电部分相序是否合适，开关是否位置合理。

检查蓄电池充电是否充足，各连接电缆是否连接到位。

检查其他各处连接是否正常。

二、柴油机起动流程

开启燃油箱开关。

用燃油手泵排除燃料系统内的空气，同时将燃油控制杆固定在相当于空转（约700转/分钟）时的油门位置。

将电钥匙打开，掀动电钮，起动柴油机。

柴油机起动后的初期转速宜为600～750转/分钟。

柴油机起动后应密切注意仪表板上的各项仪表的读数，特别是机油压力表的读数。还要检查柴油机各部分有无不正常情况，并将不正常情况进行排除。

三、柴油机的正常运转

柴油机转速由空载时的700转/分钟逐渐增加到1 000～1 200转/分钟时，进行柴油机的预热运转。当水温达到55摄氏度，机油温度达到45摄氏度时，才允许进行配送电操作。

配送电操作如下。首先，调整柴油机转速，稳定至频率50赫兹、电压380伏；然后，给一舍供电，供电成功后，检查调整频率至50赫兹、电压至380伏；再给二舍供电。如此继续，逐步给全场供电。最后，稳定油门至合适的转速。切记不要一次性全场供配电，否则瞬间电流过大，容易发生击穿发电机或者熔断电缆的事故。

供电期间用电负荷如发生变化，要及时调整发电机油门，稳定至合适的转速，达到合适的发电机频率和电压。

在柴油机运转期间，必须定时检查仪表的读数和柴油机工作的情况，倾听声音，查看柴油机烟囱排烟状态。

四、柴油机的停车顺序

柴油机在停车时，需要逐步卸去负荷，逐渐减小转速至800～1 000转/分钟，运转几分钟再停车。

检查机油、柴油、冷却液，记录运行时长等数据，为下一次起用准备充分。

五、技术保养基础条件

发电机组配备发电机房，需防风、防雨、防尘。

正常运转过程中，门窗设计应开启方便、对流合理、通风流畅，利于水箱散热。

柴油、机油、冷却液按照外界温度、季节不同按时更换。

启动电池要定期检查和充电。

每次运行情况，包括各油品标号、配电负荷、柴油用量、天气情况、运转情况等，都要记录在册，以备查验。

六、操作流程

要使柴油机工作正常可靠，必须执行柴油机的技术保养制度。

1.日常维护（每次发电操作后）

检查曲轴箱内机油水平尺，不足时应按规定添加机油。

消除柴油机漏油、漏水及漏气现象。

检查柴油机上各附件装置的正确性和稳定性。

检查柴油机的地脚连接的稳固情况及柴油机与从动设备的连接情况。

检查喷油提前角是否变动。

保持柴油机、水箱及风扇的清洁。

消除新发现的故障及不正常现象。

2. 一级技术保养（累计工作100小时后）

除按照"日常维护"项目进行外，增加下列工作：

检查蓄电池的电压和电液的密度。电液的密度应为1.28～1.29（温度15摄氏度），一般不应低于1.27，并检查电解液水平面是否在极板以上10～15毫米，不足时按需要加蒸馏水补充。

拆开机体侧面盖板，扳开机油泵的粗滤网锁紧弹簧片，取出粗滤网清洗，每间隔200小时清洗机油精滤器及粗滤器，然后将机油全部换新。

检查喷油泵机油存量，需要时添注机油。

备有注油嘴的部件应按规定注入润滑油。

清洗空气滤清器。

清洗燃油滤清器。

清洗机体盖板上通气管内的滤芯，清洗后浸上机油重新装上。

进行保养工作时拆卸的零件，在重新装配时应保证安装位置的正确。

开动柴油机检查其运转情况，消除新出现的故障和不正常现象。

3. 二级技术保养（累计工作500小时后）

除按照一级技术保养各项目进行外，还需增添下列工作。

检查喷油器的喷油压力机喷油情况，必要时清洗喷油器并再行调整。

检查喷油泵调整情况，必要时重新调整。

检查配气定时及喷油提前角，必要时予以调整。

检查进排气阀的密封情况，不符合要求时应予以研磨修正。

检查水泵溢水孔的滴水情况，如滴水成流时，请更换封水圈。

拆下前盖板，检查传动机构盖板上的喷油塞是否堵塞，如堵塞则应通畅它。

检查机油冷却器及水箱是否有漏水、漏油现象。

拆开盖板，从缸套下端检查气缸套封水橡皮圈是否有漏水现象，必要时更换新的封水橡皮圈。

检查连杆螺钉、曲轴螺钉、气缸盖螺母及机体螺柱的紧固及保险情况。

检查电器设备上各电线接头，发现烧痕应予清除。

清洗油底壳，并拆开机油冷却器，清洗芯子使油道畅通。

清洗燃油箱及其管道。

重紧气缸盖螺母。

每累积工作1 000小时后，将发电机及起动机拆开，洗掉各机件上旧的轴承黄油并换新的，同时检查起动机的齿轮转动装置。

普遍检视电动机各个机件并进行必要的修正和调整。